AF360930

BIBLIOTHÈQUE DES ACTUALITÉS INDUSTRIELLES. — N° 106

ANDRÉ COQUERET

LA MOTOCYCLETTE

THÉORIE — CONDUITE
ENTRETIEN — REMÈDES AUX PANNES

PARIS
Librairie Bernard TIGNOL
PUBLICATIONS DE LA
LIBRAIRIE de l'ÉCOLE CENTRALE des ARTS et MANUFACTURES
53 *bis*, quai des Grands-Augustins, *bis*

LA

MOTOCYCLETTE

Encyclopédie industrielle

Accumulateurs electriques (Manuel pratique des), par CACHEUX . . . . . 4 »

Aérostation (Manuel d'). par de FON-VIELLE. . . . . 5 »

Alcool (Fabrication de l'), par ROBINET et CANU . . . . 3 »

Aluminium, par Ad. MINET, 2 vol.
Fabrication. 4 50
Alliages, emplois récents 4 50

Ammoniaque (Fabrication de l'), par TRUCHOT . . . . 6 »

Architectes et Entrepreneurs (Carnet Formulaire des), par C. SÉE, cart. 4 50

Automobiles (Manuel du construc-teur d'). par FARMAN, 1 vol. et atlas. 9 »

Automobiles (Manuel du conducteur d'), par FARMAN. 4 50

Bière (Fabrication de la), par BOULIN. 9 »

Bois (Conservation des) Séchage rapide, par DUMESNY. 1 50

Bougies, Savons et Chandelles, par DROUX et LARUE. In-8 et atlas. . . 20 »

Boulanger (Manuel pratique du), par E. FAVRAIS. Un volume in-8.. . . . 12 »

Catéchisme des Chauffeurs-Mécaniciens. 1 50

Chaux, Ciments, Plâtres, par LEJEUNE 5 »

Chocolat (Fabrication du), par L. de BELFORT. 4 50

Conserves Alimentaires, par DE NOTTER . . . . 3 »

Cordes, Ficelles et Filins (Fabrication des), par Alf. RENOUARD. . . . 10 »

Corps gras, par VILLON . . . . 6 »

Couleurs, Essences et Vernis, par R. LEMOINE et Ch. du MANOIR. In-8 6 »

Distillateur (Manuel du), par RoBINET. . . . . 5 »

Electricien (Manuel pratique du monteur), par J. LAFARGUE, 700 figures, 8e édition . . . . 10 »

Encres et Cirages (Fabrication des), par DESMAREST. . . . . 5 »

Fécule et Amidon, par FRITSCH . . . 6 »

Filets de pêche (Fabrication des), par VANNETELLE . . . . 3 »

Galvanoplastie. Son histoire, ses procédés, par LAURENCIN. . . . . . 3 »

Galvanoplastie, dorure, argenture, par BRUNEL. . . . . 5 »

Laminage du fer, par NEVEU et HENRY, Un volume et atlas. . . . . 40 »

Meunerie (Manuel de), par L. de BELFORT. . . . . 6 »

L'Or, par DE LA COUX. . . . . 5 »

Parfumeur (Guide du), par ASKINSON 6 »

Prospecteur (Manuel du), par AN-DELSON. Broché, 4 fr. 50; relié. . . 5 »

Radium (Le) Les Phénomènes radio-actifs, par J. ESCARD . . . . 3 »

Savonnier (Manuel du), par CALMELS (26 figures). . . . . 4 »

Soie (Fabrication de la), par VILLON (67 figures). . . . . 6 »

Soie artificielle (Fabrication de la), par P. WILLEMS . . . . 4 »

Sondages (Petit traité de), par E. LIPPMANN. 4 50

Sonneries électriques, par G. FOUR-NIER. 2 50

Sucre (Manuel du fabricant de), par BOULIN . . . . 6 »

Teinturier (Manuel pratique du), par J. HUMMEL et F. DOMMER. 7 50

Vernis (Manuel du fabricant de), par CH. COFFIGNIER. . . . . 5 »

Vinaigre (Fabrication du), par Ch. FRANCHE. 4 50

Vins rouges, Vins blancs, etc., par ROBINET. . . . . 5 »

Vins mousseux, par ROBINET. . . . . 5 »

Vins (Analyse des), par ROBINET . . 6 »

Petite Encyclopédie d'agriculture

Douze volumes, 500 figures, publiés sous la direction de M. A. LARBALÉTRIER.

1. Les Engrais 1 50
2. Le Drainage 1 50
3. L'Elevage du bétail 1 50
4. Légumes et fleurs. 1 50
5. Le Lait, le Beurre et le Fromage. 3 »
6. Machines agricoles. 1 50
7. Les Céréales et les Fourrages . . 1 50
8. Les Arbres fruitiers et la Vigne. 3 »
9. Le Cidre et le Poiré 1 50
10. Les Volailles, Lapins et Abeilles. 1 50
11. Conservation des fruits, légumes, viandes, etc. . . . . 3 »
12. Distilleries agricoles. . . . . . . 3 »

Manuel encyclopédique du mécanicien

Huit volumes avec 900 figures
Par M. Georges FRANCHE, ingénieur
(Arts et Métiers, E. C. P.)

1. Mécanique générale. . . . . 2 »
2. Outils, Machines-Outils . . . . . 2 »
3. Forge, Fonderie. . . . . 2 »
4. Engrenages, Transmissions . . . 2 »
5. Boulons, Rivets, Chaudronnerie. . 2 »
6. Machines à vapeur. . . . . 2 »
7. Moteurs à gaz, pétrole et alcool. . 2 »
8. Hydraulique. . . . . 2 »

Encyclopédie de l'Amateur photographe

Dix volumes avec 600 figures
Par MM. BRUNEL, CHAUX, FORESTIER et REYNER

1. Choix du matériel. Installation du laboratoire. . . . . 2 »
2. Le Sujet. Temps de pose. . . . . 2 »
3. Les Clichés négatifs. . . . . 2 »
4. Les Epreuves positives. . . . . . 2 »
5. Les Insuccès de la retouche . . . 2 »
6. La Photographie en plein air. . . 2 »
7. Le Portrait dans les appartements 2 »
8. Agrandissements et projections. 2 »
9. Les Objectifs et la Stéréoscopie. . 2 »
10. La Photographie en couleurs. . . 2 »

LA
MOTOCYCLETTE

THÉORIE — CONDUITE
ENTRETIEN — REMÈDES AUX PANNES

PAR

ANDRÉ COQUERET

PARIS

Librairie Bernard TIGNOL

PUBLICATIONS DE LA

LIBRAIRIE de l'ÉCOLE CENTRALE des ARTS et MANUFACTURES

53 bis, Quai des Grands-Augustins, 53

AVANT-PROPOS

—

Je me rappelle avoir lu, à la fin d'un prospectus vantant les qualités de la motocyclette .*., *cette phrase insidieuse : « ... cinq minutes d'instruction, et voilà un chauffeur de plus. » Le monsieur, auteur du prospectus, ne se faisait peut-être pas une très haute idée du bon sens de ses lecteurs. Évidemment il voulait, pour les hésitants, pallier l'effet fâcheux de cette opinion, souventes fois exprimée : « L'automobile ? J'en ferai quand il n'y aura plus de pannes. »*

— Certes, il est permis de rêver une machine marchant toujours, par la force de l'habitude, sans qu'on fasse autre chose que l'alimenter d'essence et d'huile, quand on y pense. Ce serait très beau. Mais c'est un enfantillage.

— Je vous l'accorde, riposte M. Tout-le-Monde ; mais vous admettrez bien que la perspective de rester en panne, à quelques lieues de tout vestige de civilisation, manque de charme. Devant cette probabilité, j'adopte une attitude, l'abstention. Et je la trouve bonne.

M. Tout-le-Monde n'a pas absolument tort. Il faudrait accepter son point de vue, et en partir pour le convaincre. La phrase que nous avons citée était une réponse. Le présent manuel en est une autre. Seulement elle ne procède pas du même état d'esprit.

Si l'on met en regard des innombrables services et des

*incomparables jouissances que nous devons à l'automobi-
lisme les menus désagréments qu'il entraîne, de quel côté
penchera la balance ?*

*Disons-le bien franchement : une machine automobile
n'est pas, à proprement parler, une machine qui marche
toute seule ; un moteur exige des soins : il faut les lui donner ; il a des pannes : on peut souvent les prévenir ; et y remédier, presque toujours, en quelques minutes. On peut
avoir des pannes. On ne doit pas rester en panne. Il faut
donc faire son apprentissage.*

*Est-ce à dire qu'il faille fréquenter l'atelier de mécani-
que, monter des moteurs, laver des pièces à l'essence, rè-
gler des échappements, des allumages, des carburateurs... ?
Non, certes, quoique cela ait au moins l'avantage d'enlever
aux néophytes la funeste envie de démonter leur moto en
cinq cents pièces, pour voir ce qu'il y a dedans. Mais rien
ne vaut l'école de la route et la nécessité de se tirer d'affaire tout seul, avec, au début, un bon guide.*

*Aux débutants de bonne volonté nous dédions ce manuel,
pratique et empirique autant que théorique et logique.
Puisse-t-il leur inspirer confiance dans les facultés de la motocyclette, les aider à se servir le mieux possible de leur machine, voire même les sortir d'une panne, à l'occasion (¹).*

(¹) M. André Coqueret, 1, rue Vauquelin, Paris V°, acceptera avec
reconnaissance les observations des personnes compétentes.

Il sera heureux de répondre à ceux de ses lecteurs qui auraient besoin de renseignements supplémentaires.

CHAPITRE PREMIER

—

CHOIX DE LA MACHINE ET DES APPAREILS ACCESSOIRES (¹)

Poids total. Force du moteur. — Longtemps, les motocyclettes ont semblé construites tout exprès pour rester en panne, être remorquées sans trop de difficulté et mises au fourgon de bagages sans excédent de poids. Puis l'on s'est aperçu que la qualité essentielle de la motocyclette, c'était la simplicité, bien plutôt que la légèreté. Enfin on a voulu, tombant dans l'excès opposé, la surcharger de facultés inutiles et compliquées : moteur à 2 ou 4 cylindres, débrayage, régulateur, changement de vitesses, circulation d'eau…. Bientôt ce sera la pompe centrifuge. A quand la marche arrière ?

Rappelez-vous le triste sort du tricycle — et aussi le coup mortel que lui porta la voiturette-remorque.

Méfiez-vous des moteurs légers, aux alésage et course considérables, mais dépourvus de volants sérieux.

(¹) Ce chapitre, supposant connues certaines données sur lesquelles nous reviendrons, pourra être passé à première lecture.

En tous cas le moteur sera vertical : on assure ainsi le meilleur graissage et l'on prévient l'ovalisation du cylin-- dre.

Carburateur. — Les carburateurs à léchage et à barbotage permettent de marcher à une allure très lente, mais ils ne sont rien moins qu'automatiques, et cette infériorité est très sensible en côte.

Les pulvérisateurs à niveau constant sont généralement employés. Leur rendement est excellent.

Il y a aussi de bons distributeurs (pulvérisateurs sans réglage de niveau).

Le carburateur automatique, merveilleux sur les 4 cylindres, l'est peut-être moins sur la motocyclette...

De toute façon un registre doit permettre de réduire à volonté la consommation de gaz.

Le carburateur qui convient à un moteur donné est celui dont l'orifice de sortie a un diamètre intérieur égal, ou supérieur de deux millimètres au plus, à celui de l'orifice d'introduction du mélange sur le moteur.

Régulation. — L'ensemble de régulation doit être enfermé dans un petit carter indépendant facilement démontable. L'huile du moteur doit y circuler constamment.

La soupape d'échappement est soulevée par un poussoir qu'une came commande par l'intermédiaire d'un renvoi-bascule. Sur certains moteurs, la came agit plus ou moins directement sur le poussoir ; résultat : coincement perpétuel des plus défectueux.

La soupape d'aspiration sera-t-elle automatique ou commandée ? Cette dernière permet de remplir complè-

tement les cylindrées, même à une allure très lente, et
ce n'est pas un mince avantage pour un moteur de mo-
tocycle, dont la souplesse doit être la principale qualité.
Néanmoins nous préférons la soupape automatique, elle
est plus simple et ne demande pas de réglage. Elle a,
elle aussi, de grandes qualités de souplesse, quand son
ressort est soigneusement choisi.

Allumeurs. — Un bon appareil d'avance à l'allumage
doit, tout en étant économique, donner une belle étincelle, et se dérégler le moins possible. L'allumage Aster
réalisa le premier ces trois conditions : un trembleur sans
galet est soulevé par la bossette d'une came et mis en contact avec une vis isolée, puis il retombe presque immédiatement; les contacts sont deux grains de platine pur.

L'allumage de Dion, à chute et vibrations, se dérègle
plus facilement et est un peu moins économique. Les appareils à galet heurtant une touche isolée donnent une
moins bonne étincelle, ils dépensent plus d'électricité, et
le passage est brutal. Bien montés, ils peuvent cependant
donner de bons résultats; ils fonctionnent dans la graisse
et ne demandent pas de réglage. Les allumeurs à contact
par frottement et bobine à trembleur sont encore peu
appliqués aux moteurs à grande vitesse.

Inflammateurs. — En principe tous sont bons. Mais
certaines bougies en porcelaine, bien qu'allumant régu-
lièrement, peuvent avoir une fuite considérable. A ce
point de vue, les bougies en mica ou en stéatite sont recommandables. Leur prix est malheureusement élevé.

Piles et accumulateurs. — L'accumulateur est très
pratique quand on peut le recharger à volonté. Il a l'in-

convénient de se détériorer par les vibrations, les chutes de la bicyclette, les expéditions par colis-postal, et de demander un certain entretien. Les piles, plus pratiques pour le grand tourisme, ont le tort d'être encombrantes.

Généralement les motos sont livrées avec des accumulateurs.

Pot d'échappement. — Aujourd'hui, il n'est plus permis à un moteur de faire du bruit. On fabrique des pots d'échappement silencieux qui enlèvent au moteur à peine la vingtième partie de sa force à échappement libre (c'est-à-dire beaucoup moins que les anciens pots bruyants).

Il est imprudent de placer le réservoir d'essence, la tuyauterie ou le carburateur au-dessus de l'échappement.

Débrayage. Lève-soupape. — L'adjonction d'un lève-soupape rend le démarrage facile et permet de refroidir efficacement le moteur en descente. Le débrayage est inutile avec un lève-soupape, d'ailleurs on ne peut guère s'en servir sur un moteur à ailettes et sans régulateur.

Transmission. — La courroie a de précieuses qualités : souplesse au démarrage, élasticité en marche qui la rendent très agréable. Mais, quand elle est lâche, elle glisse, et quand elle est tendue, son rendement mécanique est pitoyable. La chaîne lui est de beaucoup supérieure sous ce rapport. Seulement elle ne permet de démarrer ou de reprendre l'allumage, quand on l'a coupé, qu'avec peu de gaz et d'avance, sous peine de secousses pénibles ou même de rupture. La prise directe n'est pos-

sible qu'avec de petites puissances, et le moteur est mal
protégé en cas de chute. La commande par pignons
d'angle est brutale et ses pannes ne se réparent qu'à l'atelier.

Quant à nous, nous préconisons :

1° La prise directe pour moto légère d'un cheval ;

2° La chaîne avec ressort compensateur jusqu'à $1\frac{3}{4}$ IP ;

3° Au dessus de deux chevaux, la courroie trapézoïdale
sur des poulies à gorge profonde.

Multiplication. — Il y a une certaine latitude dans le
choix de la démultiplication du moteur. Ainsi j'ai expéri-
menté, pour un moteur $2\frac{1}{4}$ IP, régime très élevé, des poulies de 75 à 90 millimètres (grande poulie de 450). Dans
ces limites la marche était satisfaisante. Avec le rapport
1×5 on réalisait de belles vitesses, la consommation
d'essence était réduite, le moteur chauffait moins, mais il
fallait l'aider aux côtes un peu dures. Le rapport 1×6 faci-
litait l'ascension des côtes les plus pénibles, mais en palier
le moteur tournait un peu trop vite et gaspillait sa force.
Il serait bon d'avoir deux poulies, de démontage et clave-
tage aisés, que l'on emploierait suivant le profil des con-
trées parcourues.

Manettes et tringles. — Evitez autant que possible les
renvois, dont le jeu et les points morts sont parfois désa-
gréables. Huilez de temps en temps les articulations.

La machine ne devra pas être beaucoup plus longue
qu'une bicyclette ordinaire, pour rester maniable.

Le cadre devra être renforcé de toutes parts.

La selle sera très en arrière, c'est la seule position confortable.

Nous recommandons le pédalier à déclanchement automatique et la fourche élastique. Le pédalier à excentrique facilite le réglage de la chaîne et des freins et le démontage de la roue arrière (suppression des tensions).

Pneus et freins. — Les pneus à tringles et à talons, les freins sur jante ou sur moyeu, à transmission flexible, rigide ou par câbles, ont tous leurs partisans et leurs détracteurs, leurs avantages et leurs inconvénients. Nous ne pourrions exprimer qu'une préférence personnelle et peu fondée Cependant nous déconseillons positivement le frein par contre-pédalage, à moins qu'un fort ressort antagoniste n'empêche un freinage involontaire.

Il faut graisser les freins à toutes leurs articulations, on devrait graisser même le câble et la gaîne de la transmission Bowden.

Il vaut mieux avoir un frein avant et un frein arrière Chacun séparément doit pouvoir arrêter la machine même avec le moteur en marche.

La section de 55 millimètres est la plus convenable pour les pneumatiques.

Multiplication. — Une multiplication de la bicyclette inférieure à cinq mètres ne permettrait pas d'aider efficacement le moteur quand il faiblit en côte. Nous recommandons 25 ou 26 × 10, roues de 65.

Pignons libres. — Ceux à croissants, roulant sur deux rangées de billes, sont les plus satisfaisants. Ceux à cliquets et ressorts sont aussi très résistants.

La mauvaise réputation des galets tient surtout à ceci :
généralement les pignons sont livrés avec des galets de
trop petite section, et le coincement n'a lieu qu'après une
course exagérée du galet, presque jusqu'au haut de la
rampe. Après un peu d'usage, l'embrayage « rate » inévi-
tablement. Faites refaire les galets, graissez souvent, et
vous aurez un encliquetage assez sûr.

Une étude de la bicyclette en elle-même nous semble
absolument inutile. Généralement l'apprenti motocycliste
est un cycliste exercé.

La moto devra être vérifiée autant et plus qu'une bicyclette ordinaire ; il faut assurer le graissage des
moyeux, douilles et pignon libre, le serrage des écrous,
le réglage des roulements et des freins. Cela va de
soi.

La sacoche. — La sacoche devra contenir les acces-
soires et pièces de rechange ci-après, d'importance di-
verse, et dont certains d'ailleurs sont loin d'être indispensables :

Nécessaire pour la réparation des pneumatiques, toile d'émeri.
Pompe et raccord.
Clef anglaise.
Tournevis à forte lame. Petit tournevis.
Petite pince universelle (plate, ronde, coupante).
Morceau de courroie, agrafes, canif et poinçon, emporte-piè-
    ce de 4 millimètres (ou maillons de chaîne).
Bougies en étui avec leurs joints.
Trembleur et vis platine iridié.
Soupape d'échappement (clapet nickel, ressort, calotte, cla-
    vettes).
Ruban chattertoné. Fil de laiton, chiffons, ficelles.
Burettes d'huile légère et de pétrole.
Fil d'amiante.

Facultatif

Petite brosse pour nettoyage à l'essence des bougies, etc.
Pointeau et flotteur du carburateur.
Ressort d'aspiration.
Jeu de joints.
Segments.
Petite boîte de graisse.
Ecrous. Vis diverses (poignée, allumeur, etc.).
Emeri ooo et potée. Fils primaire et secondaire. Etc. etc.

Signalons l'importance capitale des chiffons et de la ficelle.

CHAPITRE II

—

LE MOTEUR A QUATRE TEMPS

Le moteur à gaz peut être comparé à un canon dans lequel la surpression produite par la déflagration de la poudre chasserait un boulet chaque fois ramené pour être chassé par une nouvelle explosion.

Le moteur à gaz est à simple effet, c'est-à-dire que la pression du gaz n'agit que sur une des faces du piston. Il est même à demi-effet, pour ainsi dire, car sur les deux allers et les deux retours du piston, sur les quatre temps, un seul produit un travail utile.

Insistons sur le détail du fonctionnement.

Premier temps, aspiration. — Le piston, attiré par le volant, descend dans le cylindre, et produit dans la chambre d'explosion une rupture d'équilibre avec la pression extérieure, immédiatement compensée d'ailleurs par l'ouverture d'une soupape. Le moteur, agissant comme une pompe, aspire dans un appareil nommé carburateur un mélange tonnant d'air et de vapeurs d'essence, convenablement dosés.

Deuxième temps, compression. — Le piston, repoussé par le volant, remonte et comprime les gaz. La soupape s'est refermée automatiquement ; ce mouvement est aidé par un ressort de rappel.

La compression préalable est nécessaire pour effectuer un travail utile (perfectionnement Otto, 1876).

Troisième temps, explosion. — Une étincelle de rupture produit la déflagration du mélange explosif et le piston est violemment chassé. C'est le temps moteur.

Quatrième temps, échappement. — Ici le moteur agit comme une pompe foulante. Le piston remonte, repoussé par le volant, et une soupape commandée se lève, permettant l'expulsion des gaz brûlés.

On comprend maintenant la nécessité des volants, destinés à emmagasiner l'énergie pendant le temps moteur et à régulariser le mouvement du vilbrequin ou arbre moteur.

Régulation. — L'étincelle électrique est produite par une came, commandée par le moteur, qui ferme et rompt presqu'aussitôt le circuit entre les deux bornes d'une pile. Dans le circuit est intercalé un transformateur, simple bobine d'induction dont-on a retiré le trembleur pour le régler par la came. Un autre came commandée lève la seconde soupape. Et, comme l'allumage et l'échappement n'ont lieu que tous les deux tours, les cames ne seront donc pas calées sur l'arbre moteur, mais sur un arbre secondaire, solidaire d'une roue de dédoublement. Celle-ci a un diamètre et un nombre de dents doubles de ceux du pignon de distribution calé sur le vilbrequin.

Réglage. — Pour régler le point d'allumage, il faut savoir qu'on est au retard quand le piston est au point

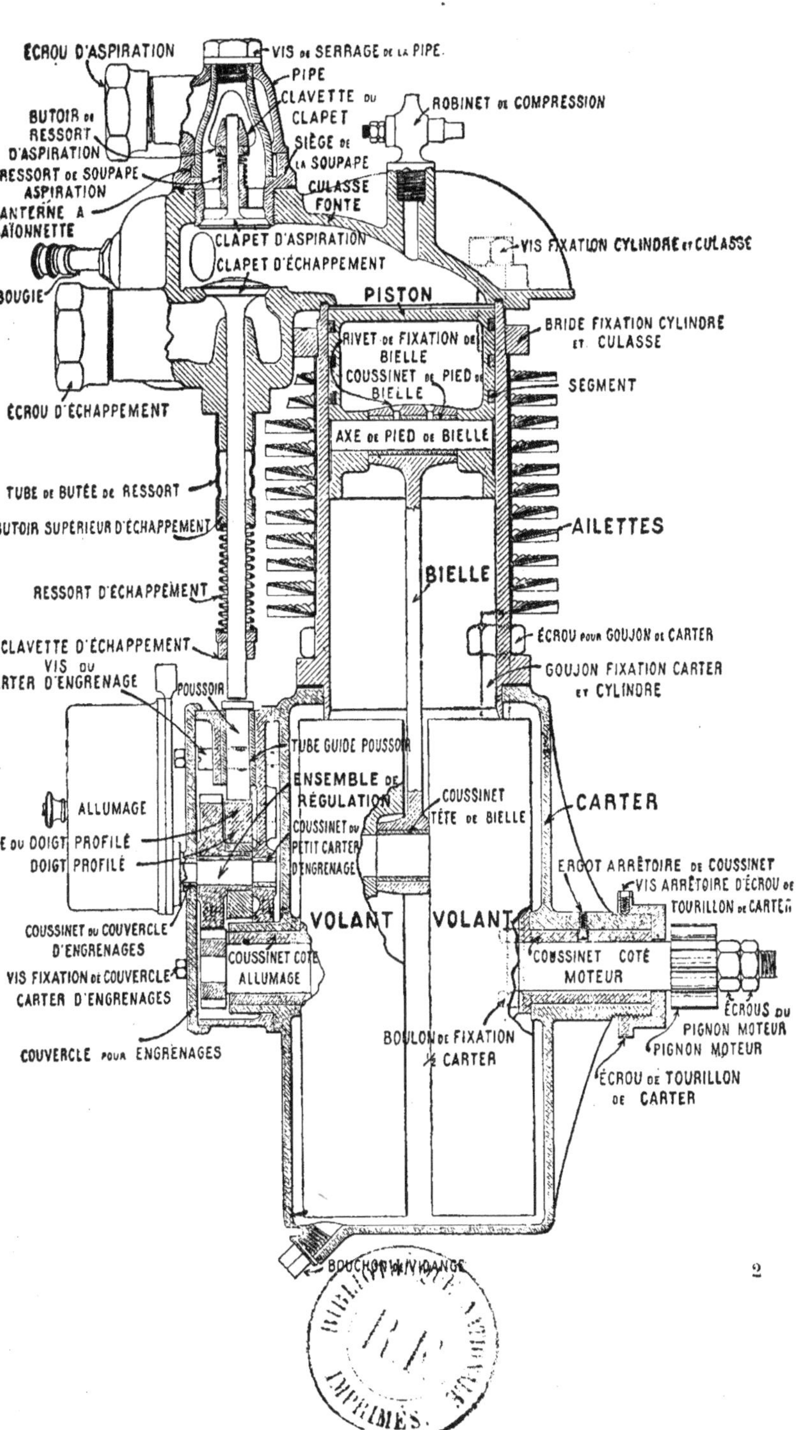

ECROU D'ASPIRATION
VIS DE SERRAGE DE LA PIPE
PIPE
CLAVETTE DU CLAPET
ROBINET DE COMPRESSION
BUTOIR DE RESSORT D'ASPIRATION
SIÈGE DE LA SOUPAPE
RESSORT DE SOUPAPE ASPIRATION
CULASSE FONTE
ANTENNE A BAÏONNETTE
VIS FIXATION CYLINDRE ET CULASSE
BOUGIE
CLAPET D'ASPIRATION
CLAPET D'ÉCHAPPEMENT
PISTON
RIVET DE FIXATION DE BIELLE
BRIDE FIXATION CYLINDRE ET CULASSE
COUSSINET DE PIED DE BIELLE
SEGMENT
ECROU D'ÉCHAPPEMENT
AXE DE PIED DE BIELLE
TUBE DE BUTÉE DE RESSORT
BUTOIR SUPERIEUR D'ÉCHAPPEMENT
AILETTES
BIELLE
RESSORT D'ÉCHAPPEMENT
CLAVETTE D'ÉCHAPPEMENT
VIS DU CARTER D'ENGRENAGE
ECROU POUR GOUJON DE CARTER
GOUJON FIXATION CARTER ET CYLINDRE
POUSSOIR
TUBE GUIDE POUSSOIR
ENSEMBLE DE RÉGULATION
ALLUMAGE
COUSSINET TÊTE DE BIELLE
CARTER
COUSSINET DU PETIT CARTER D'ENGRENAGE
AXE DU DOIGT PROFILÉ
DOIGT PROFILÉ
ERGOT ARRÊTOIRE DE COUSSINET
VIS ARRÊTOIRE D'ÉCROU DE TOURILLON DE CARTER
COUSSINET DU COUVERCLE D'ENGRENAGES
VOLANT
VOLANT
COUSSINET CÔTÉ MOTEUR
VIS FIXATION DE COUVERCLE CARTER D'ENGRENAGES
COUSSINET CÔTÉ ALLUMAGE
ECROUS DU PIGNON MOTEUR
COUVERCLE POUR ENGRENAGES
BOULON DE FIXATION DE CARTER
PIGNON MOTEUR
ECROU DE TOURILLON DE CARTER
BOUCHON DE VIDANGE
2

mort, ou un peu après, lors de la rupture du circuit électrique car l'explosion ne se propage pas immédiatement.

Le poussoir de la soupape d'échappement doit être tout à fait abaissé un peu, très peu après le point mort, quand le piston va redescendre pour l'aspiration. Il ne faut qu'un millimètre de jeu.

L'avance anormale à l'échappement empêche l'expulsion complète des gaz brûlés, le retard empêche l'aspiration pendant une partie de la course. Dans l'un et l'autre cas, les cylindrées sont imparfaitement remplies et le moteur chauffe.

Le clapet doit d'ailleurs être entièrement levé avant que le piston commence à remonter. L'avance à l'échappement doit être égale au sixième de la course (formule de l'Aster). La hauteur de levée du clapet est à peu près du quart de son diamètre.

Ne vous fiez pas aux repères marqués sur les dents des pignons avant d'avoir vérifié leur exactitude. Si la came ne permet pas l'avance à l'échappement, n'hésitez pas à la changer et votre moteur fera certainement plus de force.

Des explications qui précèdent on déduira facilement la non-réversibilité du sens de la marche dans le moteur à quatre temps.

Pour modifier le sens de la marche, pour faire tourner à gauche un moteur qui tournait à droite, il suffit d'ailleurs de modifier le calage d'une came.

Calcul de la puissance des moteurs. — Une formule empirique très simple et très commode consiste à multiplier le carré du diamètre du cylindre par 0,037

$$F = D^2 \times 0,037$$

F puissance   D alésage en centimètres.

Pour que cette formule soit juste, il faut d'abord qu'on n'ait pas en vue un alésage très fort. Pour les gros cylindres, il faudrait multiplier D^2 par 0,039 ou 0,04. Ensuite, on suppose que le produit de la course par le régime est au plus égal à 10 (par exemple, course 80, régime 1 200 tours). Les moteurs de motocyclettes ont un produit très supérieur. Il sera bon de corriger la formule en multipliant le résultat par

$$\frac{RC}{9\,500} \quad \text{ou} \quad \frac{RC}{10\,000}.$$

R régime   C course en centimètres.

Exemples :

Alésage 75, course 80, régime 1 200 tours, force 2 HP

Alésage 75, course 80, régime 1 650 tours, force 2 $\frac{3}{4}$ HP.

Cette formule, quoique empirique, permettra d'apprécier dans une certaine suffisante mesure la valeur des affirmations des prospectus.

Les moteurs de motocycles, nécessairement légers, ont par suite une course et un alésage voisins, mais l'alésage ne doit pas dépasser la course. Il est préférable qu'il lui soit un peu inférieur

$$(55 \times 60, \text{ Clément 1 cheval} - 66 \times 70, 1 \tfrac{3}{4} \text{ de Dion}$$

$$- 71 \times 76, 2 \tfrac{1}{4} \text{ Rochet} - 75 \times 80, 2 \tfrac{3}{4} \text{ ZL etc.)}$$

Plus la course est grande par rapport à l'alésage, plus le moteur tourne lentement, plus aussi ses volants doivent être lourds.

CHAPITRE III

—

LE CARBURATEUR A PULVÉRISATION

ÉTUDE DE TROIS TYPES DE LA MAISON LONGUEMARE (¹)

PREMIER TYPE

Niveau constant et chalumeau pulvérisateur

Cet appareil se compose essentiellement de deux vases communicants, l'un maintenant automatiquement le niveau constant du liquide, l'autre pulvérisant et gazéifiant l'essence en la combinant avec l'oxygène de l'air atmosphérique dans des proportions convenables.

Tout le monde connait la théorie des vases communicants, sur laquelle nous n'insisterons pas.

a) *Le niveau constant.* — Le corps du niveau constant est mis en communication avec le réservoir par le raccord cônique I. Le liquide passe à travers le raccord filtreur H qui arrête les impuretés par une toile métallique fixée à

(1) Si nous consacrons une étude spéciale aux appareils sortant de cetts maison, c'est que (1) ils sont adoptés par la majorité des grandes marques ; (2) les autres carburateurs ne présentent pas de différence *essentielle* avec ceux que nous prenons pour exemple.

sa partie supérieure. A côté se trouve le bouchon de purge
J.

Quand le carburateur est vide, le flotteur B appuie sur
es leviers-bascules GG qui, oscillant sur leurs pivots,
soulèvent la masse F et la tige du pointeau. Alors l'essence

A Corps du niveau cons-
    tant.
B Flotteur.
C Couvercle du niveau
    constant.
D Bouchon du niveau
    constant.
E Piston à ressort.
F Pointeau d'arrivée du
    liquide.
GG Leviers-bascules.
H Raccord conique fil-
    treur.
I Raccord conique con-
    duite du liquide.
J Bouchon de purge.
K Chambre d'air.
L Chalumeau pulvéri-
    sateur.
MM′ Chambres de liquide.
N Tube d'étranglement.
O Disque perforé.
PP Echancrures.
Q Clef de carburation.
R Chambre de gaz.
Co Couvercle du carbu-
    rateur.
S Manette de carburation.
T Manette du robinet de quantité.
U Raccord en communication avec
    l'échappement.

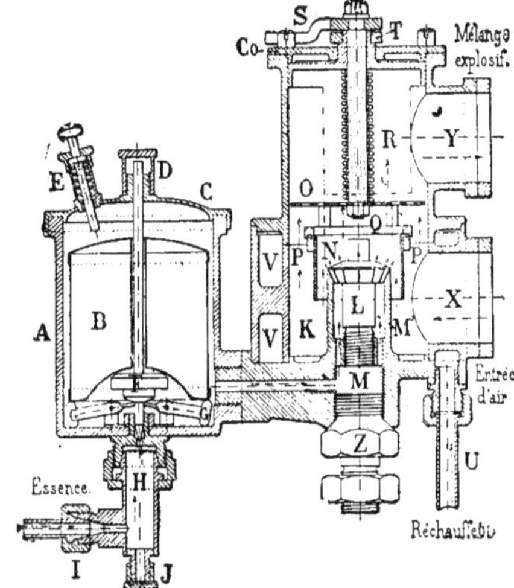

Fig. 2. — Carburateur Longuemare
à niveau constant et chalumeau pulvérisateur
(série B).

VV Chambre du réchauffeur.
X Entrée d'air pur.
Y Sortie du mélange explosif.
Z Bouchon support.

peut pénétrer librement dans le corps A du niveau constant.

Lorsque le liquide est arrivé en quantité suffisante, le
flotteur est soulevé, et laisse retomber la masse F et la
tige du pointeau. L'arrivée du liquide est alors fermée
hermétiquement.

L'essence pénètre par un petit canal dans la chambre M, puis dans la chambre M'.

Le poids du flotteur et l'ensemble de l'appareil sont calculés de telle sorte que le niveau du liquide s'établit dans la chambre M' à quelques millimètres au-dessous de sa partie supérieure. Lorsque le fonctionnement du moteur a fait baisser le niveau du liquide dans la chambre M', il baisse également dans le corps A, le flotteur descend, appuie de nouveau sur les leviers-bascules GG, et ainsi de suite.

Réglage. — Si, pour procéder au réglage, vous placez la machine sur un support, mettez les deux roues à la même hauteur, de façon que les deux vases communicants soient bien horizontaux. Commencez par enlever le flotteur, puis ouvrez le réservoir, et assurez-vous de l'étanchéité du pointeau. Remettez le flotteur : le niveau doit s'établir à cinq millimètres au-dessous de la partie supérieure du tube M'. Si le niveau est trop bas, chargez le flotteur d'une petite rondelle percée d'un trou central. S'il est trop haut, c'est le pointeau qu'il faudra charger.

b) *Chambre de pulvérisation.* — La chambre M' est fermée à sa partie supérieure par un tronc de cône L, entaillé par des rainures destinées à laisser jaillir le liquide en jets pulvérisés.

Dans les carburateurs de la série B, la quantité d'air aspiré est réglée par la course de la clef Q, qui est maintenue par un ressort à boudin contre un épaulement circulaire ménagé à l'intérieur du corps du pulvérisateur. Le mouvement imprimé à la clef Q par la manette S découvre plus ou moins les échancrures PP. La clef de carburation maintient également le tube d'étranglement N.

La manette de quantité de gaz commande une clef qui peut obturer plus ou moins l'orifice de sortie Y. Le couvercle Co porte les lettres O et F — ouvert, fermé — qui indiquent le sens de la marche.

Le carburateur que nous venons de décrire est le modèle courant à deux manettes, nous dirons plus loin quelques mots sur un carburateur automatique qui n'en diffère pas essentiellement.

Fonctionnement. — L'aspiration du piston détermine un vide partiel dans la chambre du carburateur, par l'intermédiaire de la tuyauterie et de l'orifice Y. L'équilibre de pression atmosphérique étant rompu, l'air arrive brusquement par la bride X afin de le rétablir. Cet air ne trouve d'autre issue que l'espace annulaire compris entre le tube d'étranglement N et le chalumeau L. Il acquiert à ce moment une vitesse considérable qui détermine la projection du liquide en pluie par chacune des rainures du chalumeau pulvérisateur L. L'air aspiré et la pluie de liquide se lient intimement, et le brassage est complété lorsque le mélange traverse les orifices du disque perforé O. La chambre R se trouve alors remplie de gaz explosif qui est conduit au moteur par la bride Y.

Réglage. — L'étrangleur devra être d'autant plus petit que le moteur aura une aspiration plus faible. D'autre part, un tube d'étranglement d'un diamètre plus grand offrira moins de résistance au passage du gaz et permettra de remplir plus complètement chaque cylindrée. Donc l'étrangleur sera du plus grand diamètre intérieur possible, tout en permettant une mise en marche facile, la manette air étant fermée.

Pour choisir le tube d'étranglement il faut avoir trouvé le chalumeau convenable.

Le nombre des crans du chalumeau sera également en rapport direct avec la quantité de gaz à fournir au moteur.

Pour choisir un chalumeau il faudra donner la moitié du gaz et peu d'avance à l'allumage, et le moteur devra marcher d'une façon satisfaisante comme force et comme régularité, la manette air étant au milieu de sa course. Avec moitié de gaz et d'avance on ne doit pas pouvoir fermer ou ouvrir complètement le registre d'air sans que le moteur faiblisse très sensiblement. L'hiver, on pourra mettre une rainure de plus.

La recherche du chalumeau suppose qu'on a trouvé l'étrangleur convenable... Ce petit cercle vicieux rend le réglage un peu délicat. Commencez toujours par vous assurer que le pointeau ferme hermétiquement l'arrivée d'essence, que le niveau est bien à cinq millimètres de la tête tronçonique du chalumeau, et enfin qu'aucune bavure n'empêche celui-ci de joindre avec son siège (surtout si vous avez bouché une rainure à l'étain). Une très mauvaise compression du moteur ou un ressort de soupape défectueux gênerait aussi la carburation.

Les carburateurs pour motos reçoivent des tubes d'étranglement d'un diamètre intérieur de 16, 17 ou 18 millimètres et des chalumeaux à 5, 6 ou 7 crans. Nous conseillons de prendre pour point de départ des recherches : 4-16 pour 1 cheval, 5-16 pour $1\frac{1}{2}$ HP, 6 ou 7-17 pour 2 HP, 6 ou 7-18 pour $2\frac{1}{2}$ HP.

Il faut que le moteur soit très sensible à la bonne carburation à toutes les allures ; normalement on ferme l'air en marche lente et on l'ouvre presque totalement avec l'avance et plein gaz.

Alcool carburé. — Nous ne sommes pas partisan de l'emploi de l'alcool carburé, qui a un rendement inférieur à celui de l'essence et échauffe davantage le moteur.

L'emploi de l'alcool carburé nécessite un nouveau réglage. Habituellement il faut surcharger le flotteur d'une rondelle de huit ou dix grammes et mettre un chalumeau de deux rainures de plus.

DEUXIÈME TYPE

Niveau constant et pointeau pulvérisateur réglable

Ce carburateur est identique au précédent, seulement le chalumeau pulvérisateur est remplacé par un pointeau réglable. Le niveau constant bien établi et le tube d'étranglement choisi, on procèdera de la façon suivante : on vissera le pointeau (à droite) jusqu'à fermeture complète. Puis on le dévissera d'un tour et demi, la manette d'air étant à la moitié de sa course. Le moteur étant mis en marche, on revissera le pointeau jusqu'à ce qu'on ait une marche régulière.

Si l'on se sert d'alcool carburé, il faudra ouvrir le pointeau un peu plus que pour l'essence minérale.

Le pointeau pulvérise moins bien que le chalumeau mais il facilite beaucoup le réglage. L'infériorité du pointeau comme pulvérisateur n'est très sensible, d'ailleurs, que sur les moteurs fixes à régime lent.

TROISIÈME TYPE

Pulvérisateur à débit automatique

Le carburateur est relié au moteur par le raccord Y, au réservoir par le raccord I. Quand le moteur tourne, la dépression produite fait affluer l'air par les ouvertures X, il est resserré en passant dans l'espace annulaire compris entre le tube d'étranglement N et la partie centrale, puis traverse les trous du disque perforé O qu'il soulève. Celui-ci entraîne la tige centrale F qui découvre alors l'arrivée du liquide, lequel se répand dans la chambre M et est entraîné par le passage rapide de l'air. Le liquide jaillit par chacune des rainures du chalumeau L et se mélange avec l'air en traversant les orifices du disque O. Quand l'aspiration cesse, le disque O et la tige F retombent par leur propre poids, l'arrivée du liquide est de nouveau obturée. Le même cycle d'opérations se reproduit à chaque aspiration du moteur.

La levée de la tige F est réglée par la vis Rg et le tronc de cône qui la termine. En vissant (à droite) on diminue la levée de la tige F, on l'augmente en dévissant.

Ce carburateur miniature a un excellent rendement. Peut-être est-il un peu difficile au démarrage.

Montage. — Le carburateur doit être bien suspendu. Les secousses font appuyer le flotteur sur les leviers-bascules et l'essence arrive en trop grande quantité.

La position horizontale est de rigueur.

La tuyauterie devra être aussi courte et aussi directe que possible du carburateur au moteur; évitez les coudes brusques. Les joints devront être étanches, car les fuites de mélange et les entrées d'air rendent la marche très défectueuse.

Le réchauffeur compense le froid produit par l'évapo-

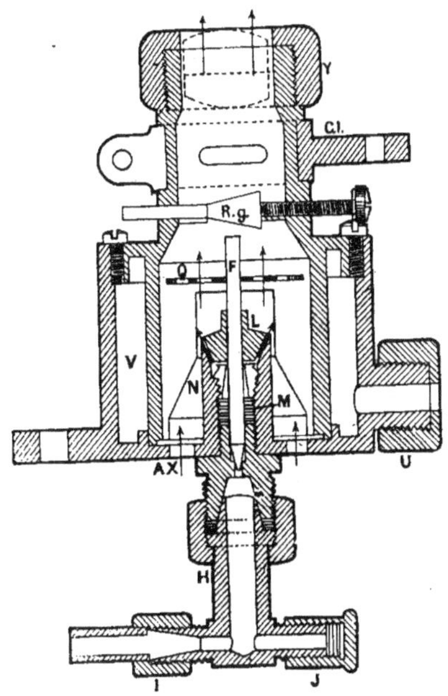

Fig. 3. — Distributeur automatique Longuemare.

F Pointeau d'arrivée du liquide.
H Raccord filtreur.
I Arrivée du liquide.
L Chalumeau pulvérisateur.
M Chambre du liquide.
N Tube d'étranglement.
O Disque perforé.
Rg Régulateur de levée du pointeau.
Cl Collier de réglage d'air.
AX Entrées d'air.
Y Sortie du mélange.
U Raccord de l'échapppement.

ration du liquide. Il sera mis en communication avec la boîte ou le tuyau d'échappement par un tube métallique qu'on ouvrira plus ou moins selon la température. L'alcool demande un carburateur plus réchauffé que l'essence.

Celle-ci exige une température constante de 15 à 20° centigrades.

Si le carburateur est placé contre les ailettes du moteur, le réchauffeur peut devenir inutile.

Le tuyau d'aspiration doit avoir un diamètre égal ou très peu supérieur au diamètre d'introduction du mé ange sur le moteur. De même le earburateur convenable sera celui qui aura un diamètre de sortie égal ou supérieur de deux millimètres au plus au diamètre de l'orifice d'arrivée du mélange sur le moteur.

Le petit trou percé dans le bouchon du réservoir est ndispensable au bon fonctionnement du carburateur.

L'orifice d'entrée du réservoir sera pourvu d'un tamis mobile.

La sortie d'essence du réservoir est fermée par un robinet ou un pointeau. Les robinets, plus hermétiques, ont parfois l'inconvénient de gripper.

Le retour de flamme ne présente aucun danger avec un Longuemare. Les toiles métalliques qu'on pourrait employer pour le prévenir seraient inutiles et gêneraient considérablement la carburation.

—

CHAPITRE IV

CONDUITE

Nous supposons le motocycliste en possession d'une machine bien au point et des notions théoriques élémentaires et indispensables. Quelques conseils sur la conduite nous semblent nécessaires.

Mise en marche. — Ouvrez le robinet du réservoir, attendez que le niveau s'établisse dans le carburateur, aidez au besoin l'arrivée d'essence en appuyant quelques secondes sur le piston à ressort, fermez l'air, ouvrez la compression, mettez l'allumage normal et beaucoup de gaz. Mettez la poignée à marche et n'oubliez pas la cheville de contact.

Aux premières explosions, fermez la compression. Réduisez le plus possible la quantité de gaz, pour éviter l'échauffement du moteur. Faites la carburation.

Si le moteur est dur (segments gommés) versez par l'orifice de décompression un peu de pétrole. Il suffit parfois de retendre la courroie.

Si, pour une raison quelconque, on ne peut ouvrir le robinet de compression, l'on mettra en route en improvisant un lève-soupape, en introduisant, par exemple, une lame de tournevis entre le poussoir et la tige du clapet d'échappement.

D'ailleurs, beaucoup de motocyclettes ont un lève-soupape, toutes devraient en avoir.

Usage des manettes. 1. Compression. — Pour démarrer, pour refroidir le moteur ou l'empêcher de s'emballer dans une descente.

Si vous avez un lève-soupape, tenez le clapet franchement levé ou abaissé, mais ne cherchez pas à le soulever à demi pour ralentir, cela présente de multiples inconvénients.

2. Qualité. — Avec les carburateurs à léchage, à barbotage, avec certains carburateurs à pulvérisation, la quantité d'air à donner est proportionnelle à la vitesse du moteur. On fait aujourd'hui des carburateurs absolument automatiques (FN, Longuemare, etc.). On obtient l'automaticité par une entrée d'air additionnel fermée normalement par un écran que l'aspiration du moteur peut découvrir plus ou moins, suivant sa force, en surmontant une résistance calculée.

Les Longuemare à deux manettes ont, eux aussi, une carburation assez constante que n'influencent guère les variations du point d'allumage. Cependant, au retard, il faut enlever un peu d'air; avec pleine avance, il faut en donner un peu plus. Les variations de quantité de gaz influent beaucoup plus sur la carburation. Le registre d'air additionnel et celui de gaz doivent s'ouvrir à peu près parallèlement sur un carburateur bien réglé. On peut utiliser cette particularité pour la disposition des manettes, cela facilitera les changements d'allure. En effet, si les deux manettes ont une course parallèle et sont l'une à côté de l'autre, on pourra les pousser et les ramener d'un seul geste, et passer de l'allure la plus vive à la plus lente sans aucun raté de carburation. Naturellement, il faudra toujours rectifier un peu le réglage d'air.

L'état de l'air, la température de la chambre d'explosion et celle du pulvérisateur influent beaucoup sur la carburation. Celle-ci est gênée par des fuites de compression considérables, des étincelles sans chaleur, un ressort d'admission trop faible ou trop peu souple, un ressort d'échappement trop faible, les cahots de la route... Trop d'air donne de la faiblesse, des ratés ; un excès d'essence cause de la faiblesse, des ratés, l'encrassement de la bougie, l'usure du clapet d'échappement qui se pique, la mauvaise odeur à l'échappement. L'oreille doit reconnaître facilement la bonne carburation.

Procédé pour trouver la bonne carburation quand on n'a pas encore l'habitude d'écouter un moteur : mettez progressivement de l'air, jusqu'à ce que vous perceviez un léger ralentissement, puis fermez peu à peu le registre d'air jusqu'à un ralentissement équivalent; placez la manette entre ces deux positions extrêmes. Il vaut mieux pécher par une carburation trop faible que par un excès d'essence.

3. Point d'allumage. a) *Retard.* — L'étincelle de rupture se produit quand le piston est au point mort, et comme l'explosion met un certain temps à se propager, le moteur est loin de faire toute sa force dans ces conditions.

b) *Allumage normal.* — La déflagration commence à effectuer son travail quand le piston est au point mort : compression et force maxima.

c) *Avance proprement dite.* — Emballe le moteur, le fatigue et le cale même si l'on exagère.

Les moteurs dont la course est grande par rapport à l'alésage peuvent supporter beaucoup de retard, mais peu d'avance. Les moteurs carrés (à course et alésage égaux ou voisins) peuvent au contraire prendre beaucoup d'avance, mais le retard les cale.

Il est bon de se comporter discrètement avec l'avance et d'en user seulement en palier, quand le vent n'est pas contraire, ou bien en descente, la compression ouverte, ou encore pour emballer le moteur et enlever une côte. Inversement, il faut ne mettre que peu de retard et éviter surtout les passages brusques de l'avance au retard et réciproquement.

N'abusez pas des ratés par la poignée, qui fatiguent le moteur. Evitez de reprendre l'allumage avec beaucoup de gaz et d'avance, ce qui provoque un bond aussi fâcheux pour le motocycliste que pour sa monture.

4. Quantité. — Marchez en palier avec très peu de gaz et l'allumage normal ou une légère avance. Habituez-vous à régler les allures par la seule manette de quantité (une moto qui fait cinquante à l'heure avec l'avance pourra prendre toutes les allures entre quinze et quarante-cinq sans toucher à une autre manette que celle de gaz). Surtout ne mettez jamais beaucoup de retard avec tout le gaz, ce qui fatigue le moteur et le fait chauffer; de plus on gaspille l'essence, attendu qu'on obtient le même résultat en fermant presque le gaz, sans retard.

En un mot, il faut toujours chercher le meilleur rende-ment du moteur sans le faire chauffer. Un moteur trop chaud ne fait plus sa force et a des chances de gripper.

Ne coupez l'allumage que pour les tournants brusques qu'il faut faire avec prudence sous peine de dérapage. Si le moteur est trop ralenti pour que l'allumage puisse reprendre, fermez l'air, puis aussitôt refaites la carburation normale.

Les côtes. — Si la côte n'est pas très forte, mettez l'allumage normal et un peu plus de gaz qu'en palier si le moteur cale. Si la côte est dure et courte, enlevez-la en emballant le moteur. Si elle est dure et longue, emballez le moteur deux cents mètres avant de l'aborder, avec beaucoup de gaz et d'avance. Envoyez un peu d'huile fraîche. Au plus léger ralentissement mettez l'allumage normal, le gaz en grand. Si le moteur cale, enlevez un peu d'air, un peu après essayez d'en remettre (ces changements dans la carburation, faits opportunément, peuvent être très efficaces). Si, malgré tout, le moteur se ralentit trop, quelques coups de pédale le relanceront pour longtemps. Si la courroie, trop lâche, patine, et si le moteur s'emballe et tourne seul, rattrapez-le par un raté d'allumage. Il peut être bon d'ailleurs que la courroie soit un peu lâche, quand on monte une forte côte. Le moteur fatiguera moins et fera mieux sa force. En débrayant très légèrement on arriverait au même résultat (c'est d'ailleurs le seul intérêt que nous semble présenter le débrayage).

En *descente*, n'exagérez pas la vitesse, profitez-en plutôt pour refroidir le moteur en levant la soupape d'échappement.

Pour arrêter, ouvrez le robinet de compression et freinez très doucement. Un arrêt brusque est mauvais pour le moteur, étant donnée la force vive emmagasinée dans les volants.

Il faut à *l'arrêt* enlever le contact à la poignée. Il est **bon** de fermer le réservoir (c'est indispensable si le carburateur noie), de s'assurer que la soupape n'est pas levée, ce qui fatiguerait le ressort, d'enlever la cheville ou s'il n'y en a pas de s'assurer que le trembleur et la vis ne sont pas en contact, ce qui déchargerait les piles si la poignée se trouvait remise à marche.

Il faut s'habituer à tout régler par l'allure et l'oreille, et non par la position des manettes. La carburation change souvent. Les points platinés, s'écartant par l'usure et les chocs répétés, avancent le moment de l'explosion sans que la manette bouge. Enfin les manettes même et les tringles de commande peuvent se déplacer, prendre du jeu, se fausser, etc.

Si la poignée n'interrompt pas le courant, enlevez la cheville ; si le moteur continue à marcher, soit qu'il y ait court-circuit, à rechercher immédiatement, soit que le moteur étant excessivement chaud, les explosions se fassent automatiquement, on pourra s'arrêter de bien des manières, en détachant un fil, en déréglant la carburation, en fermant l'admission, en ouvrant la compression, en fermant le réservoir, en levant la soupape, en débrayant. En cas de danger, on n'a pas l'embarras du choix, il faut serrer le frein qui doit pouvoir arrêter tout.

Les obstacles. — *Obstacles inertes*. — Recommandons au motocycliste la plus grande prudence sur les routes qu'il ne connaît pas, les caniveaux ne se voient pas de loin, les virages sont parfois plus courts qu'on ne croit, ou bien ils sont relevés du mauvais côté. De plus, une motocyclette ne se conduit pas aussi aisément qu'une bicyclette ordinaire. Le poids, la vitesse, la position, le centre de gravité sont autres, et il faut tout un apprentissage pour réussir un beau virage à moto. On dérape très facilement sur le

pavé gras. Enfin, comme chacun sait, on est exposé à
rencontrer sur la route des pavés égarés, des boîtes de
sardines abandonnées et des tessons de bouteille dentelés
fort dangereux pour la personne ou les pneus du pauvre
motocycliste.

Obstacles animés. — Méfiez-vous des enfants, des chiens,
des chats, des chevaux, des troupeaux de moutons, des
poules, des oies, etc.

Il faut bien connaître les mœurs de ces différents animaux.

La poule a l'habitude, quand elle quitte son home, d'aller
picorer sur l'autre côté de la route. Quand un véhicule
l'effraie, elle cherche à le dépasser et à traverser pour re-
gagner son poulailler.

L'oie, douée d'un très grand sens de la circulation, ne
s'étonne pas facilement, et reste généralement où elle se
trouve, ce qui est une bonne attitude.

Le chien cherche à vous faire tomber pour le plaisir.
C'est un dilettante. Il s'attaque astucieusement aux pédales ou à la roue avant. Il a aussi la mauvaise habitude
de sauter d'une voiture qu'on rencontre, au moment où
l'on s'y attend le moins.

Le sympathique chien de berger est particulièrement
dangereux. Il est tout à sa besogne et ne vous voit positivement pas.

Le cheval le plus calme en apparence peut tout d'un
coup s'affoler et se mettre en travers du chemin. Le lève-
soupape est utile en cette occurrence. Pour prévenir le
conducteur, un bon coup de corne est nécessaire et suffisant. L'abus de la trompe effraie plus le cheval qu'un
échappement libre.

Les enfants sortent en courant de la maison de leurs
parents.

Si vous invitez un piéton à se garer, il y a à parier qu'il prendra sa gauche.

Une voiture que vous suivez ou dépassez peut tout d'un coup stopper, prendre la gauche, se retourner (habitudes invétérées des cochers parisiens).

Le cycliste débouche à toutes pédales d'un chemin transversal que vous ne voyiez même pas. Il part de ce principe qu'il est seul sur la route.

CHAPITRE V

—

LE GRAISSAGE. — LA TRANSMISSION

Pour graisser, levez le piston lentement. Puis faites les manœuvres nécessaires pour le refoulement, différentes suivant les machines, en poussant le piston lentement (si l'on graisse en marche, on a à vaincre la compression dans le carter).

Les graisseurs « coup de poing » sont très pratiques pour graisser en marche.

Quand on étrenne un moteur neuf, il faut vidanger au bout de cinq kilomètres, allure lente, et laisser refroidir le moteur. Augmentez peu à peu les étapes en vidangeant à chaque fois, pour expulser la limaille tombée dans le carter. Après quelques centaines de kilomètres, le moteur sera bien rodé, et l'on pourra sans crainte le pousser davantage. Il faut de même ménager le moteur quand on a changé les segments, refait les bagues des axes, etc.

Le nombre de pompes à envoyer dépend, outre leur débit, de la qualité de l'huile, — employez de l'huile très épaisse pour les moteurs à ailettes, — de la force du moteur, de l'étanchéité du carter, etc. Il vaut mieux graisser trop que trop peu.

Avec un carter absolument étanche, il faut, après avoir

graissé à nouveau au bout de trente kilomètres, vidanger tout les cinquante kilomètres.

Faute d'huile, le moteur pourrait gripper très rapidement.

Surveillez l'entrée et la sortie de l'huile dans le carter de la régulation.

Graissez le poussoir de la soupape et le galet du trembleur, les allumages à plot, etc.

Il faut aussi lubrifier les articulations des commandes de freins et de registres.

La courroie. — La courroie en cuir chromé, une fois formée, s'allonge peu et ignore la rupture. Quand elle est grasse, il faut la laver à l'essence. Méfiez-vous des pâtes adhérentes, absolument inefficaces la plupart du temps.

Pour enlever la courroie, faites-lui sauter le bord inférieur de la grande poulie et avancez la machine. Replacez-la d'abord sur la petite poulie, puis sur le bord supérieur de la grande. Reculez la moto en maintenant la courroie avec le pied.

Dans les poulies à gorge profonde, employez la courroie trapézoïdale de préférence à la ronde. Elle est moins sujette aux glissements, et n'a pas besoin d'être tendue à l'excès comme les courroies rondes et les plates.

Le profil de la gorge et celui de la courroie en V doivent être bien en rapport, sans quoi la courroie saute. La courroie ne doit jamais toucher le fond de la gorge.

Les courroies plates doivent être très larges (au minimum 35 millimètres). Celles en cuir chromé sont plus solides, celles en toile caoutchoutée ont une meilleure adhérence.

Si une courroie plate monte sur les bords de la poulie, on verra en l'étendant à plat qu'elle forme en arc de cercle. Changez-la de sens (en mettant à gauche la partie qui travaillait à droite). Si cela ne suffit pas, faites la travailler sur la face ci-devant extérieure.

La tension exagérée de la courroie affaiblit beaucoup le rendement à la jante et donne du gauche dans les axes.

La chaîne. — Si l'on adopte la transmission à chaîne, le pignon arrière devra porter un ressort compensateur. La chaîne qui, bien lubrifiée, a un excellent rendement, travaillera fort mal si elle n'est pas entretenue. Il faudra **la démonter** de temps à autre, la nettoyer soigneusement, et la faire macérer dans l'huile bouillante. A chaque étape, nettoyez-là avec **la** brosse Burnip et un linge gras.

Il faut emporter quelques maillons de chaîne pour le cas de rupture. L'étau à main avec mordaches, la lime et le chasse-goupilles sont indispensables. Comme il n'est pas facile d'emporter cela sur une moto, nous conseillerons résolument aux chauffeurs qui ne craignent pas les plaisanteries des snobs de se faire faire des chaînes spéciales où les soies (broches rivées qui unissent les flasques) seront partout remplacées par des boulons avec écrous et goupilles. Ils ignoreront la panne et c'est avec le sourire qu'ils allongeront ou diminueront leur chaîne....

Pour remonter la chaîne, assemblez les deux maillons libres en les montant sur un pignon, sans quoi vous pourriez bien vous demander comment elle a pu devenir tout d'un coup si courte.

CHAPITRE VI

—

LES PANNES D'ALLUMAGE

Il n'y a, pour ainsi dire, que des pannes d'allumage, et parmi celles-ci, les neuf dixièmes sont dues au trembleur et à la bougie.

Vérification sommaire. — En cas d'arrêt ou d'intermittence de l'allumage, il faut vérifier en mettant la poignée à marche et s'assurant que le trembleur n'a pas été levé par la came et mis en contact avec la vis platinée. On fait avec le doigt contact et rupture immédiate entre le trembleur et la vis, et l'on doit s'assurer que l'étincelle à lieu au disrupteur de bougie. Si l'on n'a pas de disrupteur, on détachera le fil à la bougie et on l'approchera à quelques millimètres de la masse.

Ce mode de vérification s'emploie avec les allumages du type Aster (Nilmelior, ZL, etc.). Avec les allumeurs indéréglables FN, Jacquet-Maurel (JM), le Sans-Rival, etc., on devra s'assurer que le galet et la touche isolée ne sont pas en contact et l'on fera contact et rupture entre la borne isolée et la masse avec des pointes de ciseaux, etc.

Avec l'allumage de Dion, on fera tourner le moteur jusqu'à ce que le trembleur tombe dans l'encoche et on le fera vibrer avec le doigt. Laissez la poignée le moins long-temps possible, car alors le circuit est fermé et la dépense d'électricité est continue.

Principe. — Quand la bougie va, tout l'allumage va.

Par conséquent, si l'étincelle a lieu entre le fil de bougie et la masse, le mal est dans la bougie.

Si l'étincelle n'a pas lieu au rupteur, regardez si vous la voyez au trembleur.

Les points platinés peuvent être :

1° Mal distancés, ils doivent être le plus près possible l'un de l'autre tout en étant bien isolés.

2° Endommagés et entartrés par les chocs et les étincelles, égalisez à la toile d'émeri ;

3° Encrassés par l'huile, la poussière, nettoyez et séchez. Une injection d'essence suffit le plus souvent.

La vis platinée est maintenue par une vis de blocage, qu'il faut desserrer d'abord. Après le réglage, revissez-la fortement.

Nous recommandons l'emploi des contacts platine pur, qui résistent bien à l'entartrage.

Inflammateur. — 1° Il peut être encrassé par l'huile ou les résidus de combustion, surtout si la carburation est trop chargée d'essence. L'étincelle sera mauvaise, ou se produira intérieurement avant le bec de la bougie. Un nettoyage à l'essence est suffisant ;

2° Ses fils peuvent être cassés, ou non en face l'un de l'autre, ou mal distancés (un millimètre normalement, un peu moins si les piles sont faibles) ;

3° Il peut y avoir, surtout quand l'air est humide, ou si l'on a passé sur une flaque d'eau, court-circuit entre l'extrémité isolée de la bougie et l'extrémité-masse.

Essuyez, mettez un ruban de chatterton sur l'isolant. Si le court-circuit extérieur est dû à une résistance intérieure, démontez la bougie pour en rechercher la cause ;

4° La borne bougie peut être trop près de la masse ;

5° La bougie peut être fêlée et donner lieu à un court circuit intérieur. Il arrive parfois que cela se produise en marche et ne se révèle pas à la vérification de la bougie à l'arrêt. Il se peut même que la bougie marche bien étant froide et donne des ratés après quelques kilomètres. Une petite fente longitudinale, imperceptible à l'œil nu, en est la cause ;

6° La bougie peut se desceller, etc., etc.

Jamais on ne peut savoir ce que vaut une bougie par son aspect extérieur. Pour la juger, il n'y a que l'expérience.

Résumé. — En cas d'arrêt ou de ratés, commencez par vérifier l'état des contacts platinés et les distancer convenablement. S'ils ne donnent pas d'étincelles, nettoyez-les.

Lavez la bougie à l'essence si elle est encrassée, sinon changez-là. N'oubliez pas de mettre un joint à la nouvelle bougie. Placez le raccord du joint métalloplastique du côté de la bougie.

Si vous tenez absolument à vérifier la bougie à l'arrêt, il faut desserrer l'écrou qui attache le fil ou le rupteur en tenant celui-ci de l'autre main, pour empêcher les rondelles de mica de tourner ou la porcelaine de casser. Enlevez alors la bougie à l'aide de la clef anglaise, rattachez le fil, posez l'extrémité acier seule sur la masse, en un endroit d'où elle ne puisse tomber, ne touchez plus à la bougie, mettez la poignée à marche, faites contact et rupture à la came. L'étincelle doit se produire, régulière et forte, au bec de la bougie.

Vérification totale. Montage. — Quand, après avoir réglé le trembleur et essayé tout votre stock de bougies, l'allumage continue à être défectueux, les choses se compliquent, sans cependant devenir bien terribles. Il faudra vérifier méthodiquement toute la canalisation en suivant le sens du courant, d'après le montage que nous allons étudier.

Le *courant primaire* part du pôle positif, borne rouge de l'accumulateur, charbon de la pile, arrive au transfor-

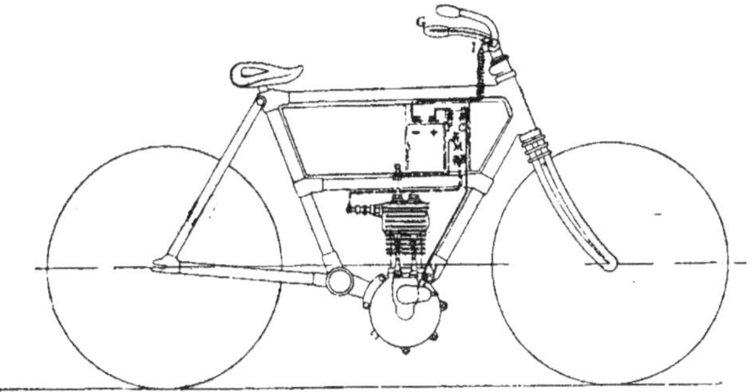

Fig. 4. — Schéma d'allumage.

mateur à la borne marquée P+(pile, positif), traverse l'enroulement en gros fil, sort par la borne marquée C ou I (came ou isolateur), arrive à la vis platinée isolée V qui le met par le trembleur en contact intermittent avec la masse de ferraille de la motocyclette. La poignée gauche du guidon met en contact la masse avec un fil isolé qui se trouve dans l'intérieur du guidon, ressort extérieurement au-dessus du tube plongeur et retourne au pôle négatif, borne noire de l'accumulateur, zinc de la pile. Certaines machines ont de plus un interrupteur à cheville.

Il ne faut pas envoyer le positif à la masse, car alors les diles se déchargeraient plus vite qu'elles ne le font nor-

malement. Des ratés incessants pourraient même se produire.

Le montage à quatre fils, usité, sur le tricycle, n'est
employé sur aucune motocyclette, à notre connaissance
du moins.

Le *courant secondaire* part de la borne B de la bobine,
est mis en contact par l'inflammateur avec la masse, et
fait retour à la bobine à la borne M (masse). Un fil le
reprend en R à un écrou quelconque du boulon de selle
ou du réservoir.

Principe. — Le courant primaire ne demande qu'à
s'arrêter, le courant secondaire cherche toujours à passer.

Exemples de recherches. — Supposons d'abord qu'il
n'y ait pas d'allumage. Cela peut provenir :

1° De la décharge des accumulateurs [1] au-dessous de
3,7 volts — la décharge est très rapide après 3,9 — ou des
piles au-dessous de 3 ampères ; peut-être de l'insuffisance
du liquide dans l'accumulateur ;

2° De la pose d'un fil à une borne qui ne lui est pas
destinée ;

3° D'un fil cassé ou détaché ; s'il est cassé à l'intérieur
de son enveloppe, on le verra en tirant fortement sur ses
extrémités, ou en vérifiant directement s'il transmet le
courant : pour cela on posera l'une de ses extrémités sur
un des pôles de la pile et l'on passera très vivement l'autre
extrémité sur l'autre borne, une étincelle doit se produire ;

4° D'un contact gras ou oxydé ;

[1] Les accumulateurs pour motos sont généralement de 20 ampères,
4 volts.

5° D'un fil dénudé faisant court-circuit avec un autre ou avec la masse ;

6° D'un mauvais isolement de la vis platinée ;

7° De l'usûre de la came ou de la déformation du ressort ;

8° La cheville ne serait-elle pas dans votre poche ?

On marche avec des ratés et il n'y a plus d'allumage à l'arrêt : cela peut provenir d'un fil cassé, détaché ou dénudé faisant contact par intermittence grâce aux secousses de la marche.

Il y a des ratés en marche et l'allumage est bon à l'arrêt : fil cassé, dénudé, contact mal serré, bougie fêlée, faiblesse de la pile ou de la bobine, exceptionnellement.

Si le mal est dans la poignée ou le fil intérieur du guidon, on pourra marcher en détachant le fil de retour et en le mettant en contact avec la masse.

Si l'on ne peut couper l'allumage, la faute en est au fil qui va de la masse au négatif.

L'échauffement du moteur pourrait aussi provoquer quelques explosions automatiques.

Un mauvais isolement de la vis platinée ou du fil de la bobine à la vis peut, tout en ne donnant généralement que des ratés, causer parfois des ruptures intempestives.

Il y a des explosions quand la compression est ouverte, il n'y en a plus quand elle est fermée ; l'étincelle, suffisante pour enflammer le mélange. sous la pression atmosphérique, n'est plus assez forte pour vaincre la pression dans la chambre d'explosion, qui est de plusieurs atmosphères.

Causes : 1° Faiblesse de la bobine ou des piles ; 2° perte d'une partie du secondaire avant le bec de la bougie, soit par un court-circuit intérieur ou extérieur de la bougie même, soit par un court circuit entre le fil secondaire et la masse, même à travers son enveloppe, ce qui est fort possible, étant donné le voltage énorme du courant induit [1]. Une résistance anormale dans le circuit électrique — fil ou contact défectueux — pourrait aussi produire ce résultat. Enfin, à la borne bougie, un fil en mauvais état ou des pointes de goupille mal disposées pourraient émietter l'électricité dans l'air ambiant, surtout par temps humide.

Avance anormale, contre-explosions (retours). — Commencez par régler le trembleur, en cas d'insuccès, changez-le.

Généralement, l'accident est dû à un trembleur crevé, ou qui vibre après le passage de la bossette ; serrez fortement la vis qui le maintient. Assurez-vous que la régulation est normale en introduisant par le trou à bougie un rayon, une aiguille de la boite aux accus, etc. qui permettre de vérifier la concordance du point mort du piston avec l'abaissement de la soupape (v. p. 18). Si tout est bien de ce côté, n'accusez que l'allumage : mauvais état du trembleur ou de la vis, chute de la boîte d'allumage, came décalée, goupille de la came en train de tomber et levant le trembleur inopportunément, court-circuit intermittent du fil de la bobine à la vis, mauvais isolement de celle-ci ; il peut même arriver qu'un fil cassé fasse des contacts et des ruptures dès que les points platinés sont en contact, avant le moment normale de la rupture (j'ai fait une observation indiscutable de ce cas bizarre).

Transformateur. — Si vous soupçonnez la bobine d'être la cause des intermittences de l'allumage, mettez les

---

[1] La bobine d'induction est un transformateur : elle transforme le courant continu de relativement grande intensité et de faible force électromotrice de la pile en un courant variable de tension énorme et d'ampérage presque nul.

bornes P et I en court-circuit. Si l'étincelle ne se produisait pas auparavant et si on la voit alors au trembleur, il y aura indubitablement panne de bobine, panne exceptionnelle, non moins qu'irréparable sur route. Mais, comme les méfaits de la bobine peuvent produire bien d'autres perturbations, la constatation contraire ne suffirait pas pour l'innocenter : pour cela, il n'y a qu'un moyen : emprunter la bobine d'un chauffeur obligeant.

Pourtant on peut essayer de remédier à cet accident : la chose est même assez aisée s'il ne s'agit que d'un fil cassé près d'une borne, entre le couvercle et la paraffine (n'oubliez pas de repérer la bobine avant de la démonter).

Vous pourrez même, si tout est bien de ce côté, fondre la paraffine et inspecter le commencement de l'enroulement. Mais si la panne est due à un fil cassé très loin, ou à un mauvais isolement, à la confusion du primaire et du secondaire, n'essayez pas d'y remédier, recourez aux bons offices d'un spécialiste outillé, et consolez-vous en pensant au petit kilomètre de fil que vous ne pouvez pourtant pas dévider tout seul.

Pratiquement, la bobine est impeccable, sauf le cas de heurt ou de serrage excessif des bornes.

Si la bobine n'est pas abritée dans le réservoir, il faut, après une forte pluie, s'assurer que l'eau n'a pas pénétré dans sa partie supérieure.

Accumulateur. — Sitôt déchargé, il faut l'expédier, hermétiquement bouché et précieusement emballé, à l'usine qui le rechargera sous un régime très doux ; le plus lentement sera le mieux. La charge ne peut s'effectuer que sur les secteurs ou au moyen de dynamos à courant con-

tinu ; le courant alternatif ne peut servir pour la charge.
On peut aussi employer des piles au bichromate.

Il vaut mieux expédier l'accumulateur à liquide libre,
après avoir remplacé la solution acide par de l'eau dis·
tillée, en ne laissant les plaques exposées au contact de
l'air que le moins longtemps possible. Pour l'accumula·
teur à liquide immobilisé, il suffit de vider le liquide qui
recouvre la gélatine.

A la réception, enlevez les bouchons de liège, videz
l'eau distillée et remplacez-la immédiatement par de l'eau
acidulée à 24° Baumé (trois millimètres au-dessus des
plaques), remettez les bouchons à ampoules de verre.
L'acide sulfurique du commerce est à 66° Baumé ; la
solution à 24° se compose à peu près de 19 grammes
d'acide à 66° pour 50 grammes d'eau. Ne versez jamais
l'eau dans l'acide, mais l'acide dans l'eau, pour éviter un
dangereux dégagement de chaleur, et attendez que la
solution soit refroidie.

Assurez-vous que les ampoules de verre des bouchons
ne sont pas obstruées, cela pourrait faire éclater les bacs.
Calez soigneusement dans tous les sens, de préférence
avec des chiffons : les vibrations et les secousses pourraient
à la longue faire tomber la matière active — d'où dimi-
nution de capacité — et provoquer des courts — circuits
intérieurs, panne irrémédiable. Essuyez les deux bornes
et enveloppez-les de chatterton.

Après une chute, regardez si l'accumulateur ne s'est
pas vidé.

Mesurez le voltage de temps en temps, par la lecture au
voltmètre ; si celui-ci démarque, inversez la pose des fils.
Méfiez-vous après 3,9. On ne marche plus à 3,7. Il faut
savoir d'ailleurs que l'accumulateur, au repos, remonte et

accuse toujours un voltage plus élevé qu'en charge ou en décharge : quand on est en panne par suite de décharge, on peut parfois, après un arrêt d'une demi-heure, faire encore quelques kilomètres.

N'usez pas de l'ampéremètre, il ne donne aucune indication utile et les modèles courants, de 12 ou 15 ampères, pourraient même être brûlés par cette pratique condamnable. Ne cherchez pas non plus à vous renseigner en essayant de tirer des étincelles à l'aide d'un fil métallique, cela est aussi nuisible que peu probant.

L'accumulateur bien chargé n'use pas à circuit ouvert.

Les accumulateurs — piles secondaires — ont une intensité constante, jusqu'à la décharge exclusivement. On peut les comparer à un réservoir qui débiterait toujours la même quantité de liquide, mais sous une pression qui diminuerait peu à peu.

Les piles au contraire sont des sources d'électricité, de débit variable, mais dont la hauteur de chute — la différence de potentiel — est constante.

Piles. — Les éléments seront isolés entre eux par une feuille de carton. Enveloppez-les de chiffons s'ils sont dans une boîte métallique. Reliez les charbons + aux zincs — en serrant fortement les contacts. Un charbon et un zinc resteront libres, ils recevront, l'un le fil de bobine P +, l'autre le fil de masse. Le voltage, tant que la pile ne sera pas vide, dépassera en général 1 volt par élément, ce qui donnera un total d'au moins 3 ou 4 volts, puisqu'on a couplé les 3 ou 4 éléments en tension. L'ampérage, de 14 au début, diminuera peu à peu, fera une station assez prolongée à 4, puis dégringolera rapidement vers 3 et la déchéance finale.

Batterie de rechange. — Supposons qu'étant en panne avec des piles marquant toujours 4 volts et ne donnant plus que 2 ampères, vous n'ayez pour vous tirer d'affaire qu'une batterie dans les mêmes conditions. Vous ne pouvez marcher en couplant vos huit éléments en

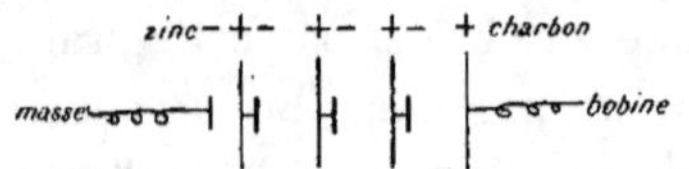

Fig. 5 — Batterie de 4 éléments couplés en tension.

tension (charbons aux zincs, 2 ampères 8 volts), cela pourrait tout au plus brûler votre bobine. Si vous couplez vos 8 éléments en quantité (charbons aux charbons, zincs aux zincs), vous auriez il est vrai un ampérage très grand, mais la force électro-motrice serait celle d'un seul élément, c'est-à-dire 1 volt. La solution consistera à coupler les éléments de chaque batterie comme à l'ordinaire, en

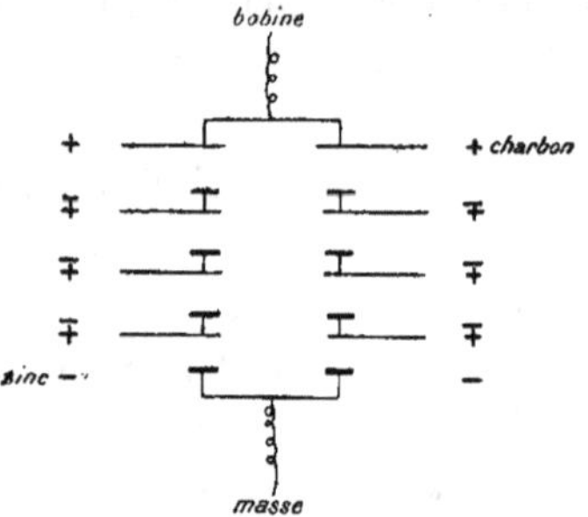

Fig. 6. — Couplage en quantité de deux batteries
de 4 éléments en tension.

tension, puis à coupler les deux batteries en quantité : 4 ampères, 4 volts.

Les deux éléments de l'accumulateur sont couplés en tension.

Deux batteries d'accumulateurs doivent également se coupler en tension.

Néanmoins, on ne peut pousser la décharge de chaque élément au-dessous de 1,8 volt. Où est donc l'intérêt du couplage, direz-vous, si l'on ne peut marcher à un voltage plus bas qu'avec chaque batterie séparément ? C'est que s'il se trouve que vos deux batteries ne donnent plus que 1,9 par élément, chacune isolément ne pourra vous faire faire que quelques kilomètres. Tandis que si vous les couplez vous aurez des chances d'arriver à l'étape. Evidemment, on n'a pas tous les jours deux batteries simultanément au-dessous de 4, mais si vous vous embarrassez d'un accu de rechange, encore faut-il que dans toutes les circonstances vous en tiriez le meilleur parti possible.

Disrupteur de bougie. — Il facilite la vérification de l'allumage. Il prévient aussi les ratés par encrassement, sans les empêcher absolument d'ailleurs, mais il est de fait qu'avec le rupteur on marche encore, tandis que sans lui on serait arrêté depuis longtemps déjà. Contrairement à un préjugé répandu, il n'augmente pas plus que le trembleur de bobine la dépense d'électricité, car celle ci ne dépend que de la durée du contact entre les points platinés et de la résistance du fil primaire.

Ecartez les pointes du rupteur d'un millimètre.

Serrez les contacts sans exagération et maintenez toujours le fil, sans quoi tout tourne. Méfiez-vous surtout avec les bougies en mica.

Ne faites pas passer un fil près d'un endroit chauffé par le moteur.

Pour faire un contact, dénudez quelques centimètres du fil en prenant garde à n'en pas couper quelques brins.

Bouclez le fil autour d'une tige de section convenable, enroulez le reste du fil sur lui-même, maintenez avec un ruban chattertoné.

Les attaches courantes servent surtout à faire casser les fils. Celles qui enserrent la gaine isolante sont recommandables, à condition d'y bien noyer le fil.

Les pannes d'allumage sont nombreuses, diverses en leurs causes et en leurs manifestations. C'est ici surtout qu'il est bon de garder tout son sang-froid et, si la difficulté semble subtile, de faire tout ce qu'il faut et comme il faut : examiner et éprouver tous les fils, s'assurer de l'isolement du secondaire, refaire tous les contacts, et surtout... n'accuser qu'à bon escient un court-circuit intérieur de l'accumulateur ou une défaillance de la bobine.

CHAPITRE VII

—

LES PANNES DU CARBURATEUR

Nous prenons pour exemple le carburateur Longuemare à niveau constant et chalumeau pulvérisateur. Ce que nous en dirons pourra s'appliquer, *mutatis mutandis*, à tous les carburateurs à pulvérisation.

On s'évitera beaucoup d'ennuis en tamisant l'essence quand on la verse dans le réservoir et nettoyant celui-ci de temps en temps.

N'employez que l'essence spéciale à 690°, en cas de panne l'essence minérale ordinaire. Si l'on employait la benzine ou l'alcool, il faudrait changer le réglage du niveau et du débit et nettoyer le réservoir, si l'on voulait de nouveau marcher à l'essence.

Les pannes du carburateur peuvent parfois se confondre avec des pannes d'allumage. Elles sont d'ailleurs beaucoup plus rares.

L'essence n'arrive pas. — Ceci se manifeste par des irrégularités de marche, l'incertitude de la carburation, la nécessité d'appuyer sur le piston à ressort comme pour le départ, des ratés, des arrêts brusques sans cause apparente. Causes :

1° Le réservoir est **vide**. Il faut se rendre compte du chemin que l'on parcourt et de la consommation moyenne du moteur ;

2° La tuyauterie d'arrivée est engorgée : vérifiez en dévissant le bouchon de purge et ouvrant le robinet du réservoir. Si vous ne pouvez débarrasser le tube des saletés qui l'encombrent, chauffez-le au rouge sombre et les impuretés calcinées partiront facilement ;

3° Le filtre placé à l'entrée du carburateur peut être encrassé. Cela ne vous arrivera jamais si vous tamisez l'essence en la versant dans le réservoir et si vous dévissez de temps en temps le bouchon de purge ;

4° Les rainures du chalumeau peuvent être engorgées. Appuyez vivement sur le piston à ressort et vous devez voir l'essence gicler par toutes les rainures. Ne nettoyez jamais le gicleur avec un corps dur pouvant attaquer le métal ;

5° Il peut arriver aussi, tout simplement, que les secousses de la marche ferment peu à peu le robinet ou le pointeau du réservoir ou le registre de gaz.

L'essence arrive en trop grande quantité, **le carburateur noie** : ceci se manifeste par de la faiblesse, des ratés, la mauvaise odeur à l'échappement, la nécessité d'ouvrir en grand le registre d'air, l'encrassement de la bougie, à la longue l'usure anormale du clapet d'échappement. Causes :

1° Le niveau d'essence est trop haut ;

2° Le chalumeau porte un nombre exagéré de rainures, ou bien il est desserré, ou bien une bavure l'empêche de joindre avec son siège, et l'excès d'essence aspiré retombe en pluie dans le corps du pulvérisateur (v. pages 24-22) ;

3° Le flotteur s'est rempli d'essence : **pour découvrir la** fente coupable plongez-le dans l'eau très chaude, des bulles gazeuses révèleront une fissure autrement imperceptible. Dessoudez le flotteur, videz-le et ressoudez-le sans modifier son poids, ou alors réglez le niveau ;

4° Le pointeau perd. Videz la chambre du niveau et enlevez le flotteur pour vous en assurer. Une saleté peut empêcher le pointeau de joindre. Il peut aussi avoir besoin d'un rodage.

Procédé pour marcher avec un carburateur mal réglé et sujet à noyer. Noyez le carburateur et fermez le réservoir. Provoquez l'aspiration du moteur en poussant la machine ou tournant le moteur à la manivelle, bien entendu sans lever la soupape. Bientôt la succion du moteur aura vidé le carburateur au niveau habituel, à ce moment l'on partira forcément. Après deux cents mètres de marche régulière ouvrez le réservoir. Si la fuite est inférieure ou égale au débit demandé, tout ira bien. Si l'essence arrive en trop grande quantité, fermez le réservoir dès que la marche devient mauvaise. Rouvrez-le deux cents mètres après. Ils n'y a pas de raison pour ne pas faire mille kilomètres ainsi.

On peut souvent diagnostiquer la panne de carburateur à ceci : on a des ratés, l'on s'arrête et cherche un peu du côté de l'allumage sans rien trouver, puis le moteur consent à repartir sans qu'on sache pourquoi, et quelques kilomètres plus loin la même mésaventure vous arrive. Une impureté qui voyage dans le carburateur et bouche momentanément la valve d'arrivée d'essence ou l'ajutage en est la seule cause. Méfiez-vous de l'eau, de l'humidité (surtout si vous avez marché à l'alcool), car elles laissent dans le corps des boules graisseuses d'un effet déplorable.

Si, dans la tuyauterie, un robinet, un pointeau ou un cône perd, rodez-le.

Il peut se faire qu'un écrou-raccord d'essence ou d'huile soit trop long et serre à fond avant de faire joindre le cône raccord. Un joint d'amiante ou tout simplement de ficelle sous le cône suffira momentanément.

Il peut arriver que les manettes ne commandent plus les registres ou le point d'allumage (chute d'une goupille, tringle qui plie, renvoi que gêne un point mort). Vérifiez en faisant jouer les manettes.

De temps en temps dévissez le bouchon de purge pour expulser les impuretés arrêtées par le filtre.

CHAPITRE VIII

—

LES SOUPAPES

Soupape automatique. — Elle semble ignorer la panne. Elle n'a besoin d'être rodée que peu souvent. Seul le choix du ressort est délicat. S'il est trop raide, la soupape ne s'ouvre pas en marche lente. S'il est trop faible, cela gêne la carburation et l'on ne peut plus donner d'air. Il doit, tout en étant assez fort, être très souple et avoir beaucoup de spires.

Quand la soupape se colle, cela se manifeste par l'absence du reniflement caractéristique. Sur certains moteurs un petit piston à ressort permet de la décoller sans même descendre de machine. Pour ce faire, coupez l'allumage. A l'étape, rodez à la potée.

Si la soupape ne se rabaisse pas — absence de compression, explosions sourdes dans la tuyauterie d'aspiration — voyez si un grain de sable ne l'empêche pas de porter, ou si la tige du clapet n'est pas grippée dans son guide : diminuez sa section à la toile d'émeri.

Une butée doit empêcher la soupape de s'ouvrir plus qu'il ne convient.

Soupape commandée. — Pour démonter, enlevez la clavette en soulevant la calotte et maintenant la tête de la soupape, puis attrapez celle-ci en soulevant à la fois ressort et clapet. Introduisez une pointe à tracer ou tout autre objet convenable dans la mortaise et remontez le clapet : maintenez la tête du clapet avec un tournevis et recommencez à soulever le ressort et le clapet de la même façon. Si vous n'avez pas de pointe à tracer, soulevez le clapet le plus possible et maintenez-le, puis tachez de sortir la calotte et le ressort.

Rodage. — A l'émeri OOO et huile d'abord. *Soulevez à chaque fois et ne faites jamais le va-et-vient ;* quoi qu'en disent certains, désireux d'aller vite, on court le risque de rayer. Quand le clapet a l'air de bien porter sur son siège, nettoyez les tous deux au pétrole, et qu'aucun grain ne reste. Achevez avec la potée, au pétrole. Nettoyez encore minutieusement. Cinquante kilomètres de marche materont le clapet et la compression sera parfaite de ce côté.

L'opération exige du soin et de la patience, il faut parfois plus d'une heure pour « rattraper » un clapet rayé et piqué. Si la portée était très défectueuse, il faudrait ne roder qu'après rectification sur le tour.

En remontant le ressort, placez en haut les spires rapprochées formant guide. Si le ressort devient trop faible, insérez une rondelle sous sa calotte.

La rupture d'un clapet se manifeste par l'absence de compression et la suppression du jeu entre sa tige et le poussoir. Vérifiez la longueur de la nouvelle soupape et rodez-la le plus tôt possible. La rupture de la clavette est également possible, celle d'un ressort est tout à fait improbable.

Il doit y avoir entre la tige et le poussoir un intervalle invariable d'un millimètre. Des rodages répétés pourraient le réduire ou le supprimer, nuisiblement.

Les clapets acier forgé se piquent très rapidement. Les clapets nickel, supérieurs à ce point de vue — leurs partisans les discerneront facilement par le reflet jaune caractéristique — cassent avec une régularité désespérante. Les clapets acier nickel au dixième ou au vingtième sont à notre avis les meilleurs.

Placez les clapets de rechange dans un étui, le choc d'un objet dur dans la sacoche peut les fausser imperceptiblement et les empêcher de porter. Dans ce cas il faudrait faire rectifier sur le tour. Vérifiez la longueur de vos clapets de rechange.

La soupape commandée peut ne pas s'abaisser pour les mêmes raisons que l'automatique (v. supra), à moins que l'accident ne soit dû à un poussoir grippé dans son guide ou à des fragments d'une pièce de commande tombés dans la distribution.

CHAPITRE IX

—

LA COMPRESSION. — LES PARTIES MÉCANIQUES

Le moteur est faible, il ne monte plus les côtes que naguère il gravissait sans peine, et il ne peut marcher contre le vent debout. Rien ne pêche du côté de l'allumage et de la carburation, l'échappement est bien réglé, et nous n'avons pas lieu de croire le cylindre fendu ou rayé, le piston fendu ou crevé (¹), tous accidents exceptionnels et dont nous ne parlons que pour mémoire. Il faudra donc se mettre à la recherche des fuites de compression.

Un souffle intérieur difficile à localiser indiquera que les soupapes ont besoin d'un rodage sérieux. Une fuite d'huile ou un souffle très perceptible peut aussi accuser un joint.

Mais en général une fuite ne se découvre pas aussi aisément. Il faut procéder à une vérification méthodique.

1º Examen des soupapes et de leurs ressorts (nous avons signalé les perturbations causées par un mauvais ressort

---

(¹) Cette invraisemblable panne peut se présenter, après la rupture d'un clapet, sur les moteurs où la soupape d'échappement est commandée par un basculeur. Cette disposition offre par ailleurs un grand intérêt, elle assure notamment un échappement direct.

d'admission. Un ressort d'échappement trop faible pro-
duirait les effets du retard à l'échappement);

2° La bougie a-t-elle une fuite? On peut refaire le joint
intérieur de certaines bougies;

3° Changez son joint, c'est celui qui se calcine le plus
vite;

4° Voyez si le robinet de compression a besoin d'un rodage;

5° Vérifiez le joint d'admission;

6° Voyez enfin le grand joint de la culasse. Il ne résiste
guère aux démontages et remontages.

Quand vous remontez la culasse, ne serrez pas à fond
un écrou avant les autres, cela fait lever la culasse du
côté opposé et ne peut se rattraper. L'idéal serait de les
serrer tous en même temps.

Si le moteur semble avoir une bonne compression et
est néanmoins toujours faible, et si en même temps le
carter chauffe, il faudra s'en prendre aux segments. Ils
peuvent être simplement mal tiercés — les trois joints
doivent former les sommets d'un triangle équilatéral. Ou
bien un segment peut être cassé, dans ce cas retirez le cylindre avec prudence, en introduisant un chiffon entre la
base du cylindre et l'orifice du carter, de peur que le
morceau cassé n'y tombe. Ou bien encore les segments
ne sont plus assez raides, n'ont plus assez de ressort et il
faudra les changer.

L'opération est un peu délicate. Nous ne conseillons pas
à l'amateur d'y procéder seul. Il faut s'assurer que les segments neufs conviennent bien au cylindre et au piston.

**Un jeu latéral, léger à la tête de bielle, considérable au
pied de bielle, est normal et nécessaire.**

Parfois on entend des coups sourds dans le moteur. Cela peut provenir d'une avance exagérée ou du défaut de graissage. Si cela se renouvelle souvent, c'est qu'il y a un jeu anormal dans l'axe du piston. L'arbre moteur sur un motocyle doit marcher pendant des années sans prendre de jeu.

Si le carter perd l'huile, vérifiez le serrage des écrous

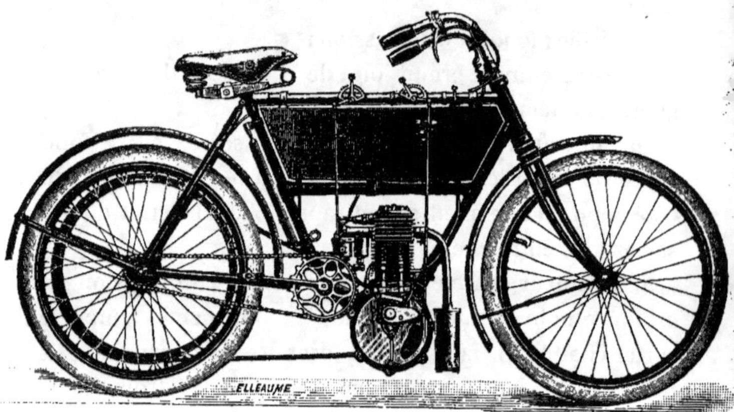

Fig. 7. — Motocyclette vue d'ensemble.

et boulons, enlevez les bavures à la lime, rodez, refaites les joints au papier ou à la glu.

Le grippage du moteur est impossible si l'on graisse comme il faut — sauf le cas de fuite rapide de l'huile, — ou celui de rupture des segments : l'explosion, se propageant dans le carter, provoque la dessiccation de l'huile.

Toutes les fois que vous percevez un bruit inquiétant de ferraille, et que vous constatez un échauffement anormal du cylindre ou du carter, arrêtez-vous ou cela pourrait vous coûter cher.

Avec un moteur bien mis au point, on doit marcher

pendant plusieurs mois à raison de cent kilomètres par jour. Seulement il sera bon de vérifier parfois l'état des clapets, ressorts, joints, etc. Il faudra aussi vérifier tous les dix mille kilomètres l'état de toutes les pièces du moteur, des axes et de leurs bagues, des pignons, cames, poussoirs, etc., et l'on devra refaire toutes les pièces usées ou prenant du jeu.

Des rainures convenablement placées doivent assurer le graissage de tous les paliers. Un orifice d'entrée d'huile avec une butée doit envoyer l'huile au carter de distribution. Le retour d'huile se fait par un conduit situé au-dessous du premier. Certains moteurs, et non des moindres marques, ont un graissage très défectueux. Une révision sérieuse leur sera profitable.

CONCLUSION

Les pannes que nous avons décrites sont nombreuses. Leur énumération va, peut-être, effrayer les chauffeurs novices, portés à se figurer qu'elles vont les accabler toutes, à la fois. Ils seront au contraire étonnés, en faisant leurs débuts, de voir leur engin filer bon train. Ils pourront faire les plus longs voyages en ayant tout juste à changer une bougie ou à régler un trembleur. Mais il est bon de mettre, dès le début, le motocycliste en présence des difficultés sérieuses qui pourront se présenter sur la route. Nous espérons avoir convaincu le lecteur qu'en général il suffit d'un peu de patience et de discernement pour se tirer d'affaire, et cela en quelques minutes.

TABLE DES MATIÈRES

Imprimerie J. Dumoulin, à Paris. — 472-05

Publications récentes

DE LA LIBRAIRIE

BERNARD TIGNOL

Librairie Scientifique, Industrielle et Agricole

ACQUÉREUR DES PUBLICATIONS DE LA

Librairie de l'École Centrale des Arts et Manufactures

53bis, *quai des Grands-Augustins, Paris*

TÉLÉPHONE : 823-28.

CATÉCHISME DE L'AUTOMOBILE

Par H. de GRAFFIGNY

L'Automobile mise à la portée de tout le monde, par demandes et par réponses. Un volume in-16 cartonné, couverture en couleurs. — Prix. . . **2 fr. »**

EXTRAIT DE LA TABLE DES MATIÈRES :

CHAPITRE PREMIER. Les voitures Automobiles en général. — CHAPITRE II. Le Moteur. — CHAPITRE III. Le Carburateur. — CHAPITRE IV. La Transmission. — CHAPITRE V. La Carrosserie automobile. — CHAPITRE VI. Conduite d'une Automobile. — CHAPITRE VII. Entretien et réparations. — CHAPITRE VIII. Législation.

LES OMNIBUS AUTOMOBILES

Par LE GRAND

Conseils pratiques sur l'organisation des transports en commun par omnibus automobiles. — Prix. . . . . **1 fr. 50**

EXTRAIT DE LA TABLE DES MATIÈRES :

CHAPITRE PREMIER. Services interurbains. — CHAPITRE II. Exploitation. CHAPITRE III. Formalités pour l'établissement d'un service public d'automobiles. — CONCLUSION.

MANUEL DU CONDUCTEUR D'AUTOMOBILES

Par Maurice FARMAN

QUATRIÈME ÉDITION

Un volume in-8° de 204 pages, orné de 97 figures. — Prix. **4 fr. 50**

EXTRAIT DE LA TABLE DES MATIÈRES :

CHAPITRE PREMIER. Introduction. — CHAPITRE II. Les voitures Panhard. — CHAPITRE III. Les voitures Renault. — CHAPITRE IV. Les voitures Mors. — CHAPITRE V. Les voitures Mercédès. — CHAPITRE VI. Les voitures de Dion. — CHAPITRE VII. Les voitures Charron, Girardot et Voigt. — CHAPITRE VIII. Pompes. — Essieux. — Ressorts. — Radiateurs. — Refroidissement par pompes. — Refroidisseurs. — Ventilateurs. — Indicateurs de vitesse. — CHAPITRE IX. Conseils pratiques. — Les pannes. — Le moteur. — L'allumage. — Les brûleurs. — Allumage par accumulateurs. — Les bobines. — Carburateur. — Soupapes. — Embrayage. — Frein.

Manuel de l'Ouvrier Mécanicien

Huit volumes in-16 avec figures dans le texte. — Prix : **15** *francs*

Par M. G. FRANCHE, Ingénieur-Mécanicien (A. M. et E. C. P.)

PREMIÈRE PARTIE. — Principes de Mécanique générale. — Prix. . . . . **2** fr. »
DEUXIÈME PARTIE. — Outils et Machines-Outils. — Prix . . . . **2** fr. »
TROISIÈME PARTIE. — Forges et Fonderies. — Prix. . . . . **2** fr. »
QUATRIÈME PARTIE. — Engrenages et Transmissions. — Prix . . . . **2** fr. »
CINQUIÈME PARTIE. — Boulons, Rivets, Chaudronnerie. — Prix. . . . . . . **2** fr. »
SIXIÈME PARTIE. — Machines à vapeur. — Prix. . . . . **2** fr. »
SEPTIÈME PARTIE. — Moteurs fixes à gaz et à Pétrole — Prix . . . . **2** fr. »
HUITIÈME PARTIE. — Hydraulique, Roues, Turbines, Pompes. — Prix . . . . **2** fr. »

Manuel de l'Apprenti et de l'Amateur électricien

Volume in-16, avec de nombreuses figures dans le texte

Par MM. MARIE, ZÉDA et DE GRAFFIGNY

EXTRAIT DE LA TABLE DES MATIÈRES

PREMIÈRE PARTIE. — *Principes d'électricité, Machines électriques :* Historique. — Courant. — Electrochimie. — Magnétisme. — Electro-magnétisme. -- Capacité. — Unités de mesure. — Machines magnéto et dynamo-électriques. — Courants alternatifs, etc., par R. MARIE; in-16, fig. 1 à 104. — Prix. . . . . **2** fr. »

DEUXIÈME PARTIE. — *Sonneries électriques, Paratonnerres :* Sonneries, Mécanisme. — Les piles. — Installation des sonneries simples, tableaux indicateurs. — Lignes aériennes. — Paratonnerres, etc., par H. ZÉDA ; in-16, fig. 105 à 203. — Prix. . . . . **2** fr. »

TROISIÈME PARTIE. — *Les Téléphones privés et publics :* Matériel et appareillage. — Téléphones domestiques. — Réseaux téléphoniques (aériens et souterrains). — Bureaux centraux. — Tableaux. — Appareils divers. — Défauts, réparations, etc., par H. ZÉDA ; in-16, fig. 204 à 285. — Prix. . . . . **2** fr. »

QUATRIÈME PARTIE. — *La Traction électrique, Tramways et Chemins de fer :* Divers modes de traction : Trolley aérien ou souterrain, plots, accumulateurs. — Distribution du courant. — Chemins de fer électriques. — Unités multiples. — Métropolitain. — Traction par courants alternatifs. — Automobilisme, etc., par R. MARIE; in-16, fig. 286 à 317. — Prix. . . . . . **2** fr. »

CINQUIÈME PARTIE. — *Éclairage électrique dans les appartements :* De l'éclairage électrique en général. — Production et mesure de l'électricité. — L'éclairage électrique par les piles. — Installations de lumière sur secteurs. — Les lampes électriques portatives. — Eclairage él ctrique domestique par machines. — Installations d'éclairage particulier, etc., par H. DE GRAFFIGNY. In-16, fig. 318 à 386 et 4 plans de pose en couleurs. — Prix . . . . **2** fr. »

Petite Encyclopédie pratique Agricole et Horticole

DUCLAUX (E.), membre de l'Institut, directe r de l'Institut Pasteur. — *Principes de laiterie.* Prix . . . . **3** fr **50**
GAIN (Georges), juge d'instruction. — *Les syndicats professionnels agricoles.* Prix. . . **2** fr. »
HEUZÉ (G.), Inspecteur général de l'Agriculture. — *La petite culture agricole, légumière et fruitière, dans les campagnes et aux environs des villes.* — Prix. . . . . **2** fr. »
LARBALÉTRIER (A.), Professeur d'Agriculture. — *Petit dictionnaire d'agriculture, de zootechnie et de droit rural.* Un volume in-16 jésus de 199 pages, avec 23 fig. — Prix, cartonné. **2** fr. »
LECHALAS (M.-C.), Inspecteur général des Ponts et Chaussées en retraite et DE LALANDE (H.), avocat au Conseil d'Etat. — *Les Cours d'eau. — Hydrologie. — Législation.* — Prix. **2** fr. »
NIVOIT E.), Inspecteur général des Mines. — *Éléments de Géologie.* — Prix . . . . . **2** fr. »
PETIT (P.), Professeur à la Faculté des sciences de Nancy. — *Nutrition et production des animaux, bœuf, cheval, mouton, porc.* — Prix. . . . . **2** fr. »
RENARD (A.), Professeur de Chimie agricole à l'Ecole des Sciences de Rouen. — *Amendements et engrais.* — Prix. . . . . **2** fr. »
PION (Ernest), Vétérinaire-Inspecteur du marché de la Villette. — *Le Commerce de la Boucherie* Prix. . . . . **2** fr. »
VILMORIN-ANDRIEUX. — *Les légumes usuels.* — Prix. . . . . **4** fr. »

Nouveau Manuel du Briquetier et du Tuilier. 4e édition entièrement revue, par H. DE GRAFFIGNY. Un beau volume in-16, 600 pages, 210 figures. Prix : broché 10 fr.; cartonné . . . . **12** fr. »

La Pierre artificielle, — Briques de Grès silico-calcaires, par Ernest STOFFLER. Un beau volume in-8°, 100 fig. dans le texte. — Prix. **4** fr. **50**

L'INDUSTRIE CHIMIQUE DES BOIS

et

LEURS DÉRIVÉS ET EXTRAITS INDUSTRIELS

Par DUMESNY et NOYER

Avec Préface de M. Fleurent

Nombreuses figures dans le texte. — Prix, broché, **12** fr. ; cartonné. **15 fr.** »

EXTRAIT DE LA TABLE DES MATIÈRES

CHAPITRE PREMIER. — Généralités. — Propriétés physiques et chimiques. — CHAPITRE II. Principaux procédés de carbonisation du bois. — Les grignons d'olives. — CHAPITRE III. Industrie de l'acide acétique, acétates et alcool méthyliques. — CHAPITRE IV. Produits secondaires de la distillation des bois et industries diverses utilisant chimiquement les bois. — CHAPITRE V. Partie analytique. — Deuxième Partie. — CHAPITRE PREMIER. Extraits de châtaignier. — CHAPITRE II. Du matériel et appareillage pour le traitement des bois de châtaignier. — CHAPITRE III. Type d'usine d'extraits, capital à engager, calcul du prix de revient. — CHAPITRE IV. Importance et nombre d'usines d'extraits en France, en Corse et en Italie. — Production totale française en 1904. Importations et exportations d'extraits en France depuis 1900. — CHAPITRE V. Usage et mode d'emploi des extraits de châtaignier en tannerie. — CHAPITRE VI. Fabrication de l'extrait de chêne. — CHAPITRE VII. Fabrication de l'extrait de quebracho. — CHAPITRE VIII. Fabrication d'extraits de sumac. — CHAPITRE IX. Du cachou-khaki, succédané de quebracho; son emploi en tannerie. — CHAPITRE X. Des Matières tannantes diverses. — CHAPITRE XI. Fabrication des extraits de campêche. — CHAPITRE XII. Analyse des matières tannantes.

Formulaire Général des Réactions
et Réactifs Chimiques et Microscopiques

Par Raoul ROCHE, Chimiste-Analyste

Un beau volume in-8°. — Prix, broché, **7** fr. **50**; relié, toile anglaise. **9 fr.** »

COMPRENANT

Réactions et Réactifs usités en analyse. — Papiers réactifs et indicateurs. — Procédés microscopiques de coloration simple, double ou triple des coupes ou préparations. — Formules de solutions microbiologiques fixantes, clarifiantes, antiseptiques, décalcifiantes, désagrégeantes, etc... — Formule de masses d'injection, d'inclusion de montagne, de ciments pour préparation, etc...

BULLETIN DE SOUSCRIPTION

J'autorise M. BERNARD TIGNOL à m'expédier l Ouvrage ci-dessous :

....

....

....

s'élevant à ~~~~~~~~~~~ *dont ci-joint le montant en mandat-poste.*

M .... *profession* ....

domicile ....

A ....

www.ingramcontent.com/pod-product-compliance
Lightning Source LLC
LaVergne TN
LVHW012014180726
843502LV00005B/1702